创新创业系列教材

统计数据收集
和数据处理技术

主　编：

李云飞　石　丽　王　晔　陈　芳

副主编：

赵庆樱　蓝兴苹　孙　燕　盛耀耀　王丽芳

参　编：

庄晓红　张世涛　易赛岚　陈　珺　唐　丽
徐　昕　李　琪　李精忠　姚立慧　徐　佳

云南出版集团
云南人民出版社

图书在版编目（ＣＩＰ）数据

统计数据收集和数据处理技术 / 李云飞等主编 .
—昆明：云南人民出版社，2018.8
创新创业系列教材
ISBN 978-7-222-17414-6

Ⅰ . ①统… Ⅱ . ①李… Ⅲ . ①统计数据—数据收集—高等职业教育—教材②统计数据—数据处理—高等职业教育—教材 Ⅳ . ① O212

中国版本图书馆 CIP 数据核字 (2018) 第 186709 号

出 品 人：赵石定
项目统筹：冯　琰
责任编辑：解彩群
责任校对：谢筑娟
装帧设计：张益珲
责任印制：马文杰

统计数据收集和数据处理技术
TONGJI SHUJU SHOUJI HE SHUJU CHULI JISHU

主　编：李云飞　石　丽　王　晔　陈　芳
副主编：赵庆樱　蓝兴苹　孙　燕　盛耀耀　王丽芳
参　编：庄晓红　张世涛　易赛岚　陈　珺　唐　丽
　　　　徐　昕　李　琪　李精忠　姚立慧　徐　佳

出　版　云南出版集团　云南人民出版社
发　行　云南人民出版社
社　址　昆明市环城西路 609 号
邮　编　650034
网　址　www.ynpph.com.cn
E-mail　ynrms@sina.com
开　本　787mm×1092mm　1/16
印　张　17
字　数　260 千
版　次　2018 年 8 月第 1 版第 1 次印刷
印　刷　昆明骏美彩色印务有限公司
书　号　ISBN 978-7-222-17414-6
定　价　39.00 元

云南人民出版社微信公众号

如需购买图书、反馈意见，请与我社联系
总编室 0871-64109126　发行部 0871-64108507　审校部 0871-64164626　印制部 0871-64191534

前　言

我国在推进高等职业教育教学改革创新中提出，要促进职业教育教学科学化、标准化、规范化，加快职业教育教学标准体系建设。要根据不同专业教学要求和课程特点，创设多元化教学方式，普及推广项目教学、案例教学、情境教学、工作过程导向教学等。广泛运用启发式、探究式、讨论式、参与式等教学方法，充分激发学生的学习兴趣和积极性。借鉴职业技能竞赛成功经验，促进职业学校技能竞赛活动与日常教学工作紧密结合、良性互动。充分发挥现代信息技术作用，积极探索和构建信息化环境下的教育教学新模式。在规范教学基本要求和保证人才培养规格的基础上，深化专业内涵、课程体系、教学模式改革创新，持续释放技术技能人才红利，加强专科高等职业院校的专业建设，凝练专业方向、改善实训条件、深化教学改革，整体提升专业发展水平。本套高职创新创业教育课程系列教材正是基于这项改革拟定思路、设计框架开发出来的。

《统计数据收集和数据处理技术》理实一体化教材采用全新的编写理念，根据当前高等职业教育的基本要求和教学改革的方向，把教学内容、教学方法、教学设计等融合到教材中，将学生的创新意识培养和创新思维养成融入教育教学全过程。教材突出教师的教学能动性和学生的学习主动性，按照高质量创新创业教育的需要改革教法、完善实践、因材施教，促进专业教育与创新创业教育有机融合。

教材运用项目教学方法设计，广泛运用启发式、探究式、讨论式、参与式等教学方法，合理设计自我学习空间、跟我学习空间、团队学习空间、拓展空间和学习评价空间，充分激发学生的学习兴趣和积极性，真正实现技能培养，学中做、做中学，让教师的教学变得生动，让学生的学习变得有趣。

目　　录

项目一 统计数据调查技术

任务一 设计统计调查方案

模块一 自我学习空间

统计 威廉·配第 统计数据 海尔曼·康令 阿道夫·凯特勒

学习笔记：

模块二　跟我学习空间

知识点一：几个基本概念

1. 总体和总体单位。

凡是客观存在的、在同一性质基础上结合起来的许多个别事物的整体，就是统计总体，简称总体。

构成统计总体的个别事物称为总体单位。

2. 标志和指标。

标志是说明总体单位所具有的属性或特征的名称。

从统计理论上讲，统计指标是反映总体现象数量特征的名称，简称指标。

3. 变异和变量。

标志在不同总体单位之间不断变化，由一种状况变为另一种状况，这种变化是变异。

变量是现象发展变化的数量化概念，或者说是现象本身所固有的、随条件变化而变化的量。

知识点二：统计调查方案

1. 确定调查任务与目的；

2. 确定调查对象和调查单位；

3. 确定调查项目和调查表；

4. 确定调查时间和调查期限；

5. 调查工作的组织实施计划。

知识点三：调查方式与方法

1.

	调查范围	调查时间	组织形式
统计报表	全面或非全面	经常	报表制度
普查	全面	一时	专门调查
抽样调查	非全面	经常或一时	专门调查
重点调查	非全面	经常或一时	报表或专门
典型调查	非全面	一时	专门调查

2. 文案调查法、询问调查法、观察与实验法、网络调查法。

知识点四：设计统计调查问卷

知识点五：设计统计表

1. 总标题、横行标题、纵栏标题、数字资料；

2. 主词、宾词；

3. 统计表的设计要求。

2017 年某省国有及规模以上非国有工业企业工业总产值

按企业规模分组	工业总产值（亿元）	比重（%）
甲	（1）	（2）
大型企业	112339.41	35.48
中型企业	95383.60	30.13
小型企业	108865.95	34.39
合计	316588.96	100.00

知识点六：设计统计调查表

案例：设计学校对课程教学情况调查问卷。

亲爱的同学：你好！

本次问卷调查的目的是对学校课程教学服务体系的现状进行调查和分析，以进一步提高学校课程教学服务质量水平。你的回答将为学校课程教学服务质量体系的构建提供重要的信息，真诚感谢你对这项调查工作的支持与配合！希望你能真实、认真地填写本问卷。

请你根据每个问题的具体要求在选项上打"√"或直接填写在"——"上。没有特别说明的为单选项。

（1）你的个人基本情况：

性 别	年 级	高中毕业学校	文科/理科	所在二级学院	专 业

（2）你认为学校课程设置的情况是：

公共课课程	很合理	比较合理	一般	不合理，体现在：
专业课课程	很合理	比较合理	一般	不合理，体现在：
选修课课程	很合理	比较合理	一般	不合理，体现在：
实训课课程	很合理	比较合理	一般	不合理，体现在：

（3）你认为大学课程与中学课程相比较，在课程设置和教学方法上：

A. 有很大差别；B. 稍有差别；C. 差别不大；D. 不清楚

（4）你对所用教材的看法是：

A. 教材与课堂讲授内容十分贴切，十分有助于学习课程；

B. 教材与课堂讲授内容基本相符，对课程学习有一定帮助；

C. 教材与课堂讲授内容基本无关，无助于课程学习；

D. 其他＿＿＿＿＿＿＿＿＿＿＿＿＿＿＿＿＿＿＿＿＿。

（5）你认为图书馆教学辅助资料情况是：

A. 可以找到大量参考书目、文献资料；

B. 能够找到一些参考书目或文献资料；

C. 几乎没有什么参考书目可以看；

D. 其他＿＿＿＿＿＿＿＿＿＿＿＿＿＿＿＿＿＿＿＿＿。

（6）你认为教师在课程教学方式上：

A. 能采用启发式教学，经常跟学生互动；

B. 偶尔跟学生互动；

C. 教学方式一般，很少跟学生交流；

D. 其他＿＿＿＿＿＿＿＿＿＿＿＿＿＿＿＿＿＿＿＿＿。

（7）你认为教师在课程教学过程中，在学生分析问题解决问题能力的培养上：

A. 经常引入学科前沿问题，并结合教师自身的科研成果；

B. 有时介绍学科前沿；

C. 只讲授教材上的内容；

D. 其他_____。

（8）你认为教师在课程教学手段上：

A. 各种教学手段应用合理，效果好；

B. 教学有手段，但手段不多，效果有限；

C. 手段单一，教学枯燥乏味；

D. 其他_____。

（9）请你选择影响课程教学质量的前5个最重要的因素，并按重要程度1~5排序（1最重要，5不重要）：

教学态度（　　）　　教学水平（　　）　　课程设置（　　）　　教学资源（　　）

教学手段（　　）　　教学方式（　　）　　教材建设（　　）　　教学管理（　　）

教学深度（　　）　　其他（　　　　　　　　　　）

问题结束，谢谢你的合作！

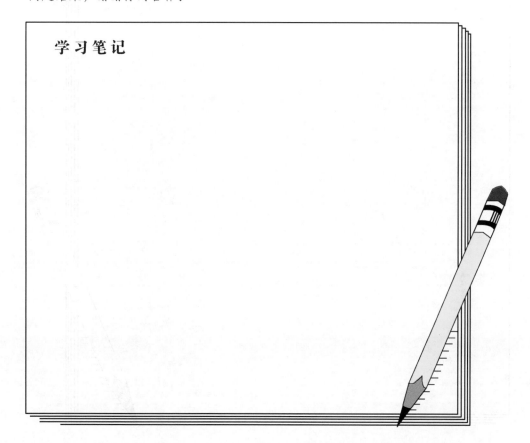

学习笔记

学习笔记

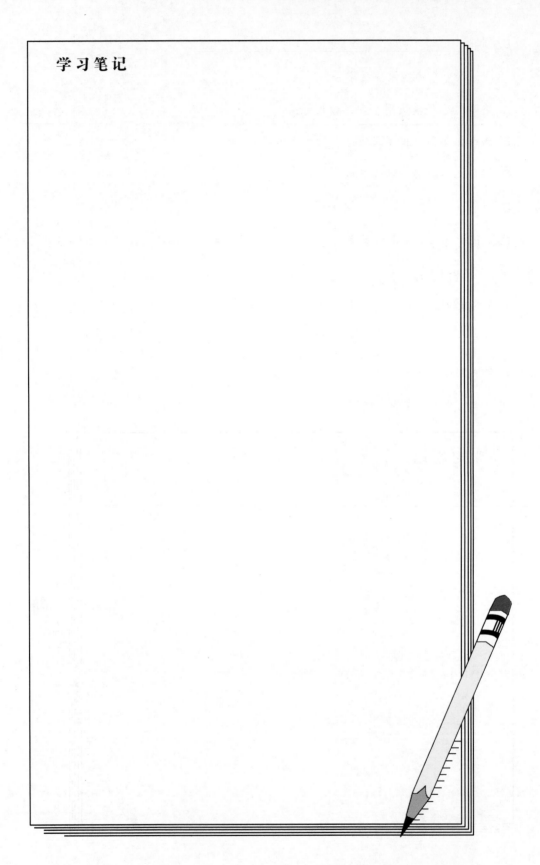

模块三　团队学习空间

任务：每个团队任选以下任务中的一个设计出调查方案。

1. 请对本校一年级学生基本生活情况进行调查。

2. 请对本校二年级学生学习情况进行调查。

3. 请对本校三年级学生就业愿望进行调查。

4. 请对本校四年级学生未来生活愿望情况进行调查。

要求：1. 组建本次活动团队，每个团队至少 6 名成员，选出 1 名队长，由队长分工完成任务。

2. 团队中有分工、有合作，祝大家合作愉快!

团队学习

模块四　拓展空间

设计制作一份完美的调查方案并完成调查工作。

拓展空间

模块五　学习评价空间

评价内容	评价人	评价结果					评　语
		优	良	中	及格	不及格	
自我学习	自评						
上课表现	教师						
团队学习	组长						
实践锻炼	教师						

任务二 组织实施统计调查

模块一 自我学习空间

Juan Carlos Garcia 是 Juan Carlos 墨西哥饭店的老板，在一个中小型社区经营一家墨西哥饭店。饭店自开业以来效益一直不错。然而，六个月前，他注意到顾客数量开始小幅下降，利润受到影响。他花费了大量时间观察在饭店用餐高峰期员工对顾客需要的满足情况，但收获却很少。于是，他找到了当地一名大学教授 Gilmore 进行市场调研，帮助他解决利润下降的问题。

如果你是 Gilmore 教授，你将如何完成本次调研工作？

学习笔记：

模块二 跟我学习空间

知识点一：设计统计数据收集方案

知识点二：统计数据收集的具体方法

1. 直接观察法；

2. 采访法；

3. 座谈会；

4. 个别深度访问；

5. 报告法；

6. 邮寄调查；

7. 电话调查；

8. 网上调查；

9. 遥感技术法。

知识点三：组织调查队伍

1. 项目负责人；

2. 访问员；

3. 调查督导员。

知识点四：前期准备工作

1. 材料编写：调查手册、访问员手册、培训手册；

2. 表格设计；

3. 调查资料印刷；

4. 物品准备：访问员证、手提袋、笔等。

知识点五：培训调查访问技巧

1. 入户访问；

2. 街头访问；

3. 电话访问。

知识点六：监控调查实施过程

1. 调查进度控制；

2. 调查质量控制。

案例：Juan Carlos 墨西哥饭店的市场调查

Gilmore 教授带领一批学生组成调查小组开展市场调查工作。

在开始市场调查之前，学生与 Juan Carlos 进行了初步交谈。Juan Carlos 向学生们介绍了饭店的历史和这段时期的所有财务指标，学生们向 Juan Carlos 询问了有关当地饭店、行业等问题。对于学生们提出的大部分问题，Juan Carlos 都给予了很好的回答，但有一个问题他却无法回答，那就是本饭店和菜肴对消费者有哪些吸引力。

为此，调查小组决定采用下列目标来指导针对饭店的调查工作：

（1）从空气、服务、位置、菜肴质量和数量以及价格方面确定 Juan Carlos 墨西哥饭店最有吸引力的特色；

（2）评估顾客在空气、服务、位置、菜肴质量和数量以及价格方面满意度的重要性；

（3）确定顾客在空气、服务、位置、菜肴质量和数量以及价格方面选择墨西哥饭店时考虑的因素；

（4）确定顾客将来来这里就餐的意识和最有可能的反应；

（5）根据地区和顾客人口统计量评估顾客在人口统计和地理方面的特征；

（6）推导结果的战略意义。

调查小组针对这些调查内容选择了一种两步取样法。第一步设计对一组饭店员工的取样，在这一步收集的信息会有助于设计用于第二步的调查问卷。第二步应用问卷调查对一组随机挑选的饭店顾客进行调查，这个样本包括在两个星期天的下午 5 点到 7 点随机挑选的顾客。总共收到了 91 份有效答卷。

调查小组首先从总体上对数据进行了分析，接着使用统计软件对结果进行了交叉制表处理，以便分析与具体的人口特征和个人爱好相关的具体问题。使用概率、交叉表和百分率对数据进行了系统分析，而且确定了基于人口统计特征和个人爱好差异的调查对象差异。基于收集的这些信息，调查小组得出了如下结果：

消费者对 Juan Carlos 墨西哥饭店的评价

评　分	百分率（%）
最好	77
很好	14
好	5
一般	4

不同年龄段消费者对 Juan Carlos 墨西哥饭店的满意度

年　龄	很　好	好	一　般
小于 20 岁	5	2	1
21～30 岁	22	7	1
31～40 岁	10	2	2
41～50 岁	14	5	2
51 岁以上	14	2	2

调查小组对 Juan Carlos 墨西哥饭店进行改善的建议

改　善	百分率（%）
停车场	34.5
油漆	17.2
空气	13.8
儿童食品	10.3
位置	6.9
墨西哥音乐	17.2

学习笔记

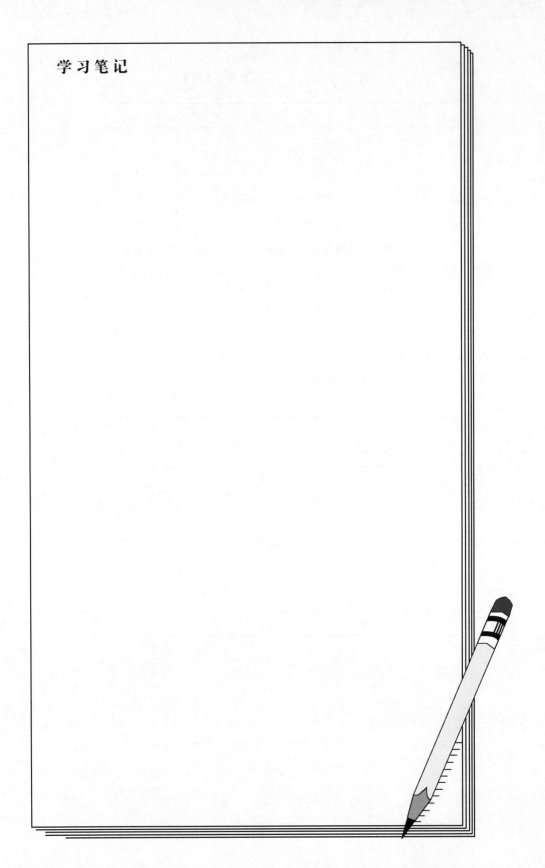

模块三　团队学习空间

任务：每个团队任选以下任务中的一个完成统计数据收集工作。

1. 请对学校周边餐饮业情况进行调查。

2. 请对本市大型零售商店情况进行调查。

3. 请对本校大学生的消费习惯进行调查。

4. 请对本省主要支柱产业基本情况进行调查。

要求：1. 组建本次活动团队，每个团队至少6名成员，选出1名队长，由队长分工完成任务。

2. 团队中有分工、有合作，祝大家合作愉快！

团队学习

模块四　拓展空间

如果未来你打算创业，请对创业项目的市场基本情况进行调查。

拓展空间

模块五　学习评价空间

评价内容	评价人	评价结果					评　语
		优	良	中	及格	不及格	
自我学习	自评						
上课表现	教师						
团队学习	组长						
实践锻炼	教师						

任务三　撰写统计调查报告

模块一　自我学习空间

统计调查报告　研究政策的调查报告　总结经验的调查报告　揭露问题的调查报告
反映新事物的调查报告

学习笔记：

模块二　跟我学习空间

知识点一：撰写统计调查报告的基本要求

1. 实事求是；

2. 符合经济规律和有关政策的规定；

3. 观点与数据要结合运用。

知识点二：统计调查报告的格式

1. 标题；

2. 导语；

3. 正文；

4. 结尾。

知识点三：撰写统计调查报告的技巧

1. 叙述的技巧；

2. 说明的技巧；

3. 议论的技巧；

4. 语言运用的技巧；

5. 图表运用的技巧。

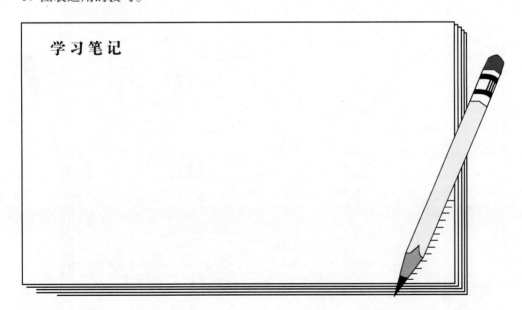

学习笔记

学习笔记

模块三　团队学习空间

对上一个任务中完成的调查撰写一份统计调查报告。

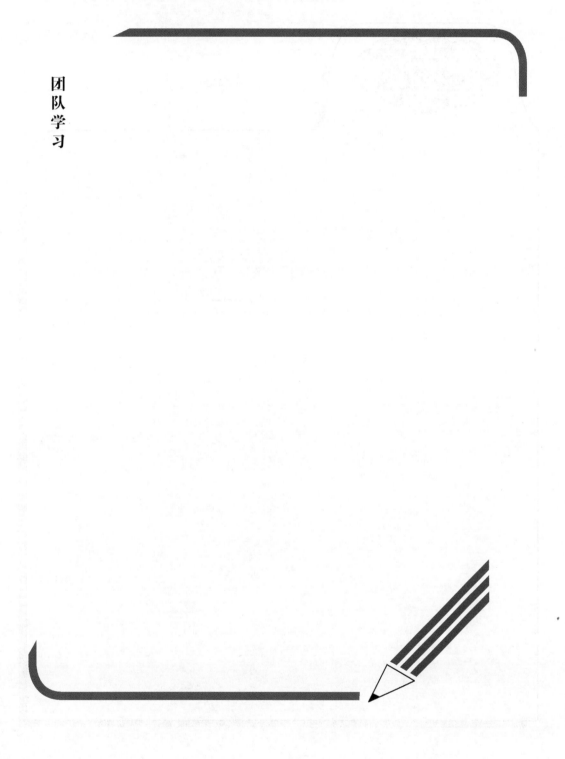

团队学习

模块四 拓展空间

登录中华人民共和国国家统计局网站，浏览网页信息。

模块五　学习评价空间

评价内容	评价人	评价结果					评　语
		优	良	中	及格	不及格	
自我学习	自评						
上课表现	教师						
团队学习	组长						
实践锻炼	教师						

项目二　统计数据整理技术

任务一　完成统计分组

模块一　自我学习空间

组数　组限　组距　组中值　全距

学习笔记：

模块二　跟我学习空间

知识点一：正确选择分组标志

知识点二：统计分组的种类和方法

1.

2.

学习笔记

模块三　团队学习空间

对上一个项目收集到的统计数据完成统计分组。

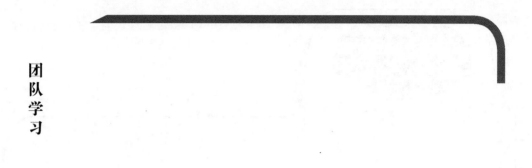

团队学习

模块四 拓展空间

通过调研收集市场数据选择一个创业项目。

拓展空间

模块五　学习评价空间

评价内容	评价人	评价结果					评　语
		优	良	中	及格	不及格	
自我学习	自评						
上课表现	教师						
团队学习	组长						
实践锻炼	教师						

任务二　编制分配数列

频数　频率　向上累积　向下累积

学习笔记：

模块二 跟我学习空间

知识点一：分配数列的编制步骤

1. 对原始数据进行排序；

2. 计算全距，确定组距和组数；

3. 确定组限；

4. 计算确定各组出现的次数，最后统计出各组出现的总次数；

5. 编制次数分布表。

知识点二：编制品质分配数列

2017 年某市人口性别构成情况

人口性别分组	人口数（人）	占人口的比重（%）
男	124219	50.46
女	121963	49.54
合计	246182	100.00

知识点三：编制变量数列

某班统计数据收集和数据分析课程成绩分布表

考试成绩分组	学生人数（人）	频率（%）
60 以下	2	5.0
60～70	7	17.5
70～80	11	27.5
80～90	12	30.0
90～100	8	20.0
合计	40	100.0

学习笔记

模块三　团队学习空间

对上一个任务完成统计分组的基础上继续完成编制分配数列任务。

团队学习

模块四　拓展空间

对上次选择的创业项目收集到的市场数据进行整理。

拓展空间

模块五　学习评价空间

评价内容	评价人	评价结果					评　语
		优	良	中	及格	不及格	
自我学习	自评						
上课表现	教师						
团队学习	组长						
实践锻炼	教师						

任务三 绘制统计表和统计图

模块一 自我学习空间

条形图 饼图 直方图 折线图 环形图 散点图 象形图

学习笔记：

模块二　跟我学习空间

知识点：带领学生绘制各种统计图

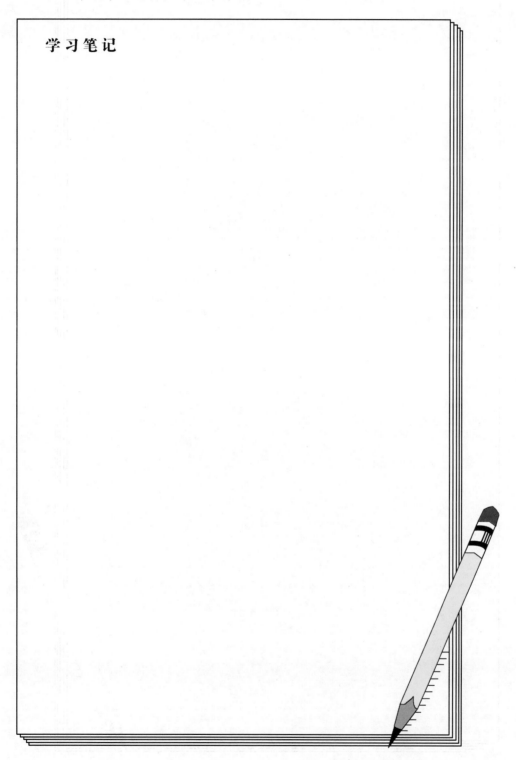

学习笔记

学习笔记

模块三　团队学习空间

根据前面完成的分配数列绘制统计图。

团队学习

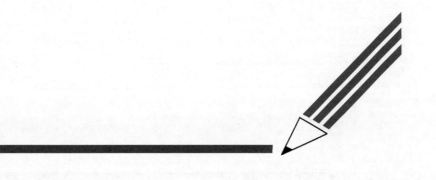

模块四　拓展空间

选择一个分配数列绘制每一种适配的统计图。

拓展空间

模块五 学习评价空间

评价内容	评价人	评价结果					评　语
		优	良	中	及格	不及格	
自我学习	自评						
上课表现	教师						
团队学习	组长						
实践锻炼	教师						

项目三　统计数据分析技术

任务一　总量指标分析技术

模块一　自我学习空间

请描述一下当前世界的基本情况。

学习笔记：

模块二 跟我学习空间

知识点一：总体单位总量和总体标志总量

知识点二：时期指标和时点指标

知识点三：实物单位、货币单位和劳动单位

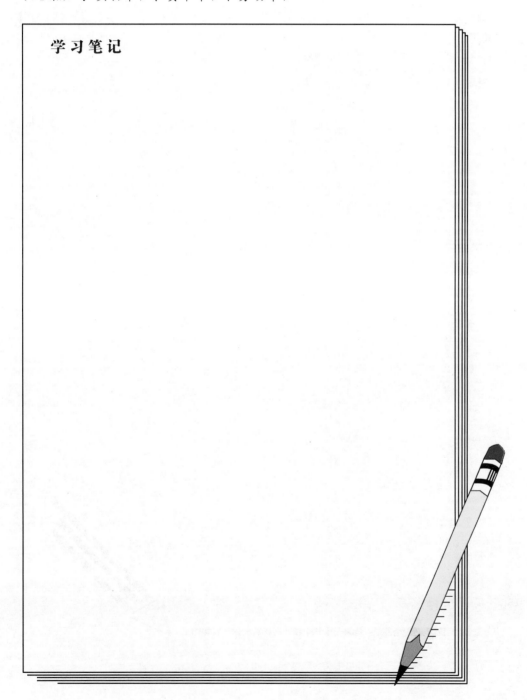

学习笔记

模块三 团队学习空间

通过新闻媒体选出大量的总量指标并做简单的分类。

团队学习

模块四　拓展空间

看一看今晚的财经频道节目，与同学讨论一下节目中出现的统计数据。

拓 展 空 间

评价内容	评价人	评价结果					评　语
		优	良	中	及格	不及格	
自我学习	自评						
上课表现	教师						
团队学习	组长						
实践锻炼	教师						

任务二　相对指标分析技术（一）

模块一　自我学习空间

比较：100 和 50%

学习笔记：

模块二 跟我学习空间

知识点一：无名数、有名数

知识点二：结构相对指标

$$结构相对指标 = \frac{总体部分数值}{总体全部数值} \times 100\%$$

知识点三：比例相对指标

$$比例相对指标 = \frac{总体中某一部分数值}{总体中另一部分数值} \times 100\%$$

[例2-1] 请根据下表资料，计算结构相对数、比例相对数。

世界人口和农业人口的发展趋势

	1950年	1960年	1970年	1980年	1985年	1990年	2000年	2010年	2020年	2025年
世界人口（亿人）	25.2	30.2	36.9	44.5	48.5	52.9	62.5	71.9	80.6	84.7
其中：农业人口（亿人）	16.2	17.6	17.6	21.9	22.9	23.9	25.7	26.6	26.5	26.2
占世界总人口的百分比（%）	64.3	58.3	47.7	49.2	47.2	45.2	41.1	37.0	32.9	30.9

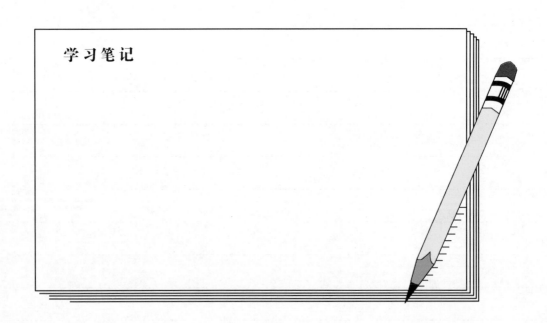

学习笔记

学习笔记

模块三　团队学习空间

　　收集本校教师、学生基本数据，利用结构相对指标、比例相对指标对学校的基本情况做出分析。

团队学习

模块四 拓展空间

    根据前面创业计划编制出来的分配数列数据计算结构相对指标和比例相对指标，并对计算出来的数据做分析。

拓展空间

模块五　学习评价空间

评价内容	评价人	评价结果					评　语
		优	良	中	及格	不及格	
自我学习	自评						
上课表现	教师						
团队学习	组长						
实践锻炼	教师						

任务三 相对指标分析技术（二）

模块一　自我学习空间

你对现在学习、生活的环境满意吗？为什么？

学习笔记：

模块二　跟我学习空间

知识点一：比较相对指标

$$比较相对指标 = \frac{某一总体某类指标数值}{另一总体同类指标数值} \times 100\%$$

［例 3 - 1］有两个类型相同的工业企业，甲企业全员劳动生产率为 18542 元/（人·年），乙企业全员劳动生产率为 21560 元/（人·年）。计算两个企业全员劳动生产率的比较相对数。

知识点二：动态相对指标

$$动态相对指标 = \frac{报告期指标数值}{基期指标数值} \times 100\%$$

［例 3 - 2］某物流公司 2017 年钢材运输量为 2375 万吨，2016 年钢材运输量为 2500 万吨。计算动态相对数。

知识点三：强度相对指标

$$强度相对指标 = \frac{某一总量指标数值}{另一有联系而性质不同的总量指标数值} \times 100\%$$

［例 3 - 3］我国土地面积为 960 万平方千米，第五次人口普查人口总数为 129533 万人。计算人口密度。

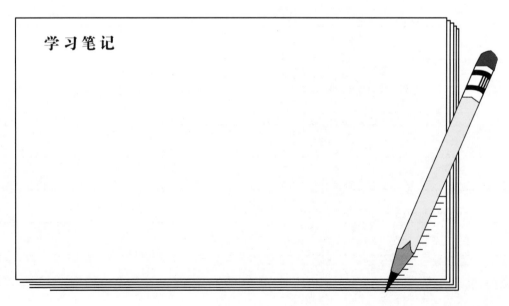

学习笔记

学习笔记

模块三　团队学习空间

　　收集本专业连续三年招生人数、学生食堂数、学生宿舍数、实训室数量等数据，利用比较相对指标、动态相对指标和强度相对指标进行相关分析。

团队学习

模块四　拓展空间

　　根据前面创业计划编制出来的分配数列数据计算比较相对指标、动态相对指标和强度相对指标，并对计算出来的数据做出分析。

拓展空间

模块五　学习评价空间

评价内容	评价人	评价结果					评　语
		优	良	中	及格	不及格	
自我学习	自评						
上课表现	教师						
团队学习	组长						
实践锻炼	教师						

任务四 相对指标分析技术（三）

模块一 自我学习空间

你做过计划吗？为自己明年的生活、学习做一份计划。

学习笔记：

模块二 跟我学习空间

知识点一：计划完成程度相对指标

$$计划完成程度相对指标 = \frac{实际完成数}{计划数} \times 100\%$$

[例4-1] 某汽车厂计划年产汽车80万辆，实际年产88万辆，检查计划执行情况。

[例4-2] 某企业计划2017年总产值比2016年提高5%，实际提高10%；生产成本计划降低2%，实际降低4%。检查计划完成情况。

知识点二：计划执行进度

$$计划执行进度 = \frac{计划期内完成数}{全期计划数} \times 100\%$$

[例4-3] 某工厂某年全面计划完成产值310万元，1月份完成产值10万元，2月份完成24万元，3月份完成50万元。检查计划完成情况。

知识点三：中长期计划的检查

1. 水平法。

$$计划执行进度完成相对指标 = \frac{计划期期末实际达到水平}{计划期期末水平} \times 100\%$$

[例4-4] 某公司五年发展规划规定，在计划期最后一年应达到2260万元的销售规模，实际执行结果如下表所示。计算该公司销售额计划完成程度的相对指标和提前完成计划时间。

某公司五年发展规划实际执行情况表　　　　　　　　　单位：万元

时间	第一年	第二年	第三年		第四年				第五年				5年合计
			上半年	下半年	一季度	二季度	三季度	四季度	一季度	二季度	三季度	四季度	
销售额	1300	1480	760	820	400	420	460	500	530	580	650	720	8620

2. 累计法。

$$计划执行进度完成相对指标 = \frac{计划期实际累计完成数}{计划期间计划任务数} \times 100\%$$

［例 4 - 5］某机电设备公司计划 2012～2016 年 5 年内累计完成固定资产投资额 4200 万元，实际完成情况如下表所示。计算该公司固定资产投资完成程度和提前完成计划时间。

某机电设备公司 5 年固定资产投资额实际完成情况表　　　　　单位：万元

时　　间	2012 年	2013 年	2014 年	2015 年	2016 年			
					一季度	二季度	三季度	四季度
固定资产投资额	800	850	950	1050	270	280	290	300

学习笔记

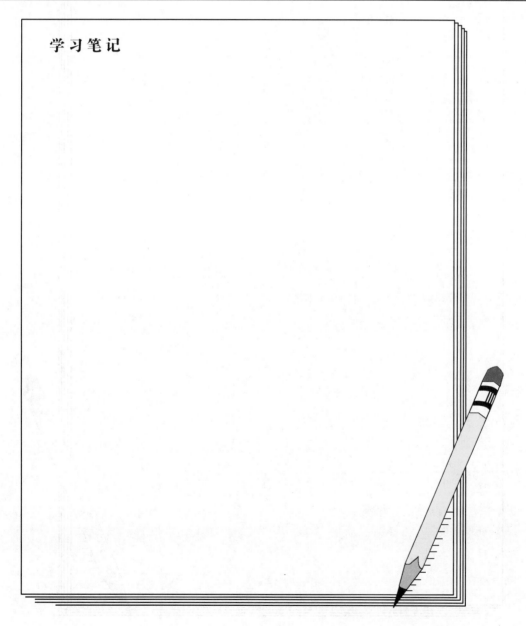

学习笔记

模块三　团队学习空间

给你一组数据，你能运用哪些统计指标做出数据分析？

某公司计划 5 年后营业收入达到 6000 万元，实际执行情况如下：

某公司及其下属公司营业收入情况表　　　　单位：万元

	第一年	第二年		第三年	第四年	第五年				
		计划数	实际数			上半年	三季度	10 月	11 月	12 月
总公司	4000	4100	4050	4800	5200	3100	1550	650	700	710
其中：一公司	2050	2100	2050	2600	2800	1700	800	340	370	370
二公司	1950	2000	2000	2200	2400	1400	750	310	330	340

团队学习

模块四　拓展空间

根据你选择的创业项目，设计一份数据分析方案，充分运用总量指标和相对指标。

拓展空间

模块五　学习评价空间

评价内容	评价人	评价结果					评　语
		优	良	中	及格	不及格	
自我学习	自评						
上课表现	教师						
团队学习	组长						
实践锻炼	教师						

任务五 平均指标分析技术（一）

模块一 自我学习空间

平均指标（平均数） 静态平均数 动态平均数 数值平均数 位置平均数 算术平均数 权数

学习笔记：

模块二　跟我学习空间

知识点一：平均指标

含义：平均指标又称平均数，是反映同类社会经济现象在一定时间、地点条件下，总体各单位某一数量标志的一般水平的综合指标，是将总体内各单位某标志数量差异抽象化的代表性指标（反映一般分布特征）。

特点：

（1）平均指标是一个代表值，可以代表总体的一般水平；

（2）平均指标将总体单位之间的数量差异抽象化；

（3）平均指标反映了总体分布的集中趋势。

知识点二：静态平均数与动态平均数

凡反映在同一时间范围内总体各单位某一数量标志一般水平的平均数称为静态平均数。

凡反映在同一空间范围内不同时间的总体某一数量标志一般水平的平均数称为动态平均数（时间序列）。

知识点三：数值平均数与位置平均数

凡根据总体各单位全部标志值计算的平均数，称为数值平均数。

凡根据总体各单位全部标志值在变量数列中的位置计算的平均数，称为位置平均数。

知识点四：算术平均数计算

算术平均数是总体标志总量与总体单位总量之比。

$$算术平均数 = \frac{总体标志总量}{总体单位总量}$$

[例5-1] 某企业某月职工工资总额为442000元，职工总人数为340人，则该企业该月职工的平均工资为：442000/340＝1300（元/人）。

1. 简单算术平均数。

$$\bar{x} = \frac{x_1 + x_2 + \cdots + x_n}{n} = \frac{\sum x}{n}$$

式中：

$\bar{x}$——简单算术平均数；

Σ——汇总符号；

x——各单位标志值；

$\sum x$——总体标志总量；

n——总体单位总量。

[例5-2]某生产班组10名工人日产量分别为17、18、18、19、19、19、19、20、

20、20，则该班组的平均日产量为：

$$\bar{x} = \frac{\sum x}{n} = \frac{17 + 18 + 18 + 19 + 19 + 19 + 19 + 20 + 20 + 20}{10} = \frac{189}{10} = 18.9(件／人)$$

计算结果表明，简单算术平均数的大小只受总体各单位标志值大小的影响。

2. 加权算术平均数。

$$\bar{x} = \frac{x_1 f_1 + x_2 f_2 + \cdots + x_n f_n}{f_1 + f_2 + \cdots + f_n} = \frac{\sum xf}{\sum f}$$

式中：

f——各组次数。

[例5-3]利用例5-2中的资料编制成分组表，如表5-1所示。

表5-1 某生产班组工人日产量分组

按日产量分组 x（件）	工人数 f（人）	各组总产量 xf（件）
17	1	17
18	2	36
19	4	76
20	3	60
合计	10	189

根据表 5 - 1 资料，计算平均日产量如下：

$$\bar{x} = \frac{\sum xf}{\sum f} = \frac{189}{10} = 18.9(件／人)$$

计算结果表明，平均数的大小，不仅取决于总体各单位标志值（x）的大小，而且还受到各单位标志值出现次数（f）的影响。

［例 5 - 4］以表 5 - 1 的资料为例，用权重计算加权算术平均数。

表 5 - 2　某生产班组工人日产量分组

按日产量分组 x（件）	工人数 f（人）	比重 $\dfrac{f}{\sum f}$（%）	$x \cdot \dfrac{f}{\sum f}$
17	1	10	1.7
18	2	20	3.6
19	4	40	7.6
20	3	30	6.0
合计	10	100	18.9

计算加权平均数如下：

$$\bar{x} = \sum \left[x \cdot \frac{f}{\sum f} \right] = 18.9(件)$$

计算结果表明，计算加权算术平均数时，权数采用绝对数形式或相对数形式，其计算结果是一致的。

3. 组距式变量数列算术平均数。

组距式变量数列，则应先求出各组变量值的组中值，代表各组变量值，然后按单项式变量数列的方法计算算术平均数。

[例5-5] 利用下表资料计算算术平均数，如表5-3所示。

某班学生统计成绩分布情况

按成绩分组（分）	学生数（人）	比重（%）
60 以下	3	6
60~70	7	14
70~80	14	28
80~90	20	40
90 以上	6	12
合计	50	100

表5-3　某班学生统计成绩分布表

按成绩分组（分）	学生数 f（人）	组中值 x	xf
60 以下	3	55	165
60~70	7	65	455
70~80	14	75	1050
80~90	20	85	1700
90 以上	6	95	570
合计	50	—	3940

则该班平均分的计算如下：

$$\bar{x} = \frac{\sum xf}{\sum f} = \frac{3940}{50} = 78.8（分）$$

由此可见，用组距式变量数列计算加权算术平均数时，是用各组的组中值来代替各组标志值的实际水平。应用这种方法计算是假定各单位标志值在各组内是均匀分布或对称分布的。

学习笔记

分组讨论权数对加权平均数起何作用。

团队学习

模块四 拓展空间

何斌是某旅游学院餐饮专业的毕业生，正在自主创业。在校期间他已有过几家连锁餐饮店的实习经历，根据自己所学的专业知识和技能，经过反复的可行性论证，并通过创业导师的指导，已在某市加盟某家连锁餐饮店。目前，他想了解该连锁餐饮店本月的经营情况，请问他该如何收集整理数据？如何计算平均营业额？

拓 展 空 间

评价内容	评价人	评价结果					评　语
		优	良	中	及格	不及格	
自我学习	自评						
上课表现	教师						
团队学习	组长						
实践锻炼	教师						

任务六　平均指标分析技术（二）

模块一　自我学习空间

调和平均数

学习笔记：

模块二　跟我学习空间

知识点一：调和平均数

调和平均数是各个标志值倒数的算术平均数的倒数，又称为倒数平均数。

知识点二：调和平均数的计算

1. 简单调和平均数。

$$\overline{x}_H = \frac{1 + 1 + 1 + \cdots + 1}{\dfrac{1}{x_1} + \dfrac{1}{x_2} + \dfrac{1}{x_3} + \cdots + \dfrac{1}{x_n}} = \frac{n}{\sum \dfrac{1}{x}}$$

式中：

$\overline{x}_H$——调和平均数；

n——总体标志总量。

[例6-1] 某商品在早市、午市、晚市的价格分别是5元/千克、4元/千克、2元/千克，假设分别在早市、午市、晚市各买10元，求该商品的价格。

该商品的价格为：

$$\overline{x}_H = \frac{n}{\sum \dfrac{1}{x}} = \frac{1 + 1 + 1 + \cdots + 1}{\dfrac{1}{x_1} + \dfrac{1}{x_2} + \dfrac{1}{x_3} + \cdots + \dfrac{1}{x_n}} = \frac{1 + 1 + 1}{\dfrac{1}{5} + \dfrac{1}{4} + \dfrac{1}{2}} = \frac{3}{0.95} = 3.16(元)$$

2. 加权调和平均数。

$$\overline{x}_H = \frac{m_1 + m_2 + m_3 + \cdots + m_n}{\dfrac{m_1}{x_1} + \dfrac{m_2}{x_2} + \dfrac{m_3}{x_3} + \cdots + \dfrac{m_n}{x_n}} = \frac{\sum m}{\sum \dfrac{m}{x}}$$

式中：

m——各组标志总量。

[例6-2] 沿用例6-1商品价格资料，若购买该商品的金额不完全相等，早市、午市、晚市分别购买10元、20元、40元，则该商品的平均价格为：

$$\overline{x}_H = \frac{\sum m}{\sum \dfrac{m}{x}} = \frac{m_1 + m_2 + m_3 + \cdots + m_n}{\dfrac{m_1}{x_1} + \dfrac{m_2}{x_2} + \dfrac{m_3}{x_3} + \cdots + \dfrac{m_n}{x_n}} = \frac{10 + 20 + 40}{\dfrac{10}{5} + \dfrac{20}{4} + \dfrac{40}{2}} = \frac{70}{27} = 2.59(元)$$

可以看出，加权调和平均数实质上是加权算术平均数的一种变形。由此可见，加权调和平均数和加权算术平均数只是计算形式上的不同，其经济内容是一致的，都是反映总体标志总量与总体单位总量的比值。

[例6-3] 某饭店分一部、二部、三部，2017年计划收入分别为300万元、260万元、240万元，计划完成程度分别为102%、107%、109%，如表6-1所示。求平均计划完成程度。

表6-1　某饭店计划完成资料及计算表

	计划完成程度（%）	职工数（人）	计划收入（万元）
一部	102	10	300
二部	107	24	260
三部	109	14	240
合计	—	48	800

该饭店平均计划完成程度为：

$$\bar{x} = \frac{\sum xf}{\sum f} = \frac{102\% \times 300 + 107\% \times 260 + 109\% \times 240}{300 + 260 + 240} = \frac{845.8}{800} = 105.73\%$$

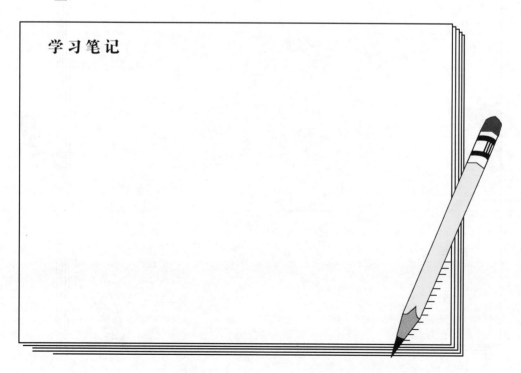

学习笔记

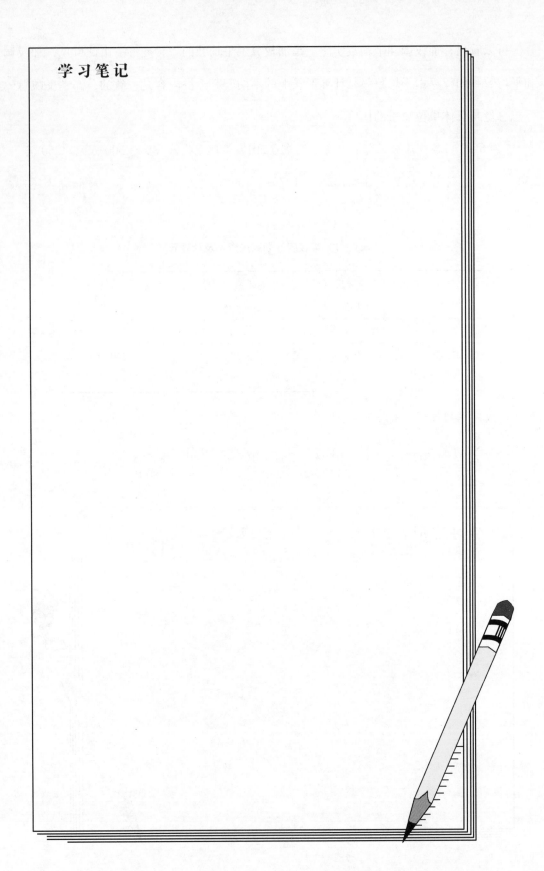

学习笔记

模块三 团队学习空间

如果例6-3资料中计划收入改为实际收入，则平均计划完成程度该如何计算？再结合案例说明加权算术平均数和加权调和平均数两种计算方法的应用。

团队学习

模块四　拓展空间

李某自主创业经营茶叶，某月某种茶叶三种规格的销售资料如下表所示：

	价格（元/盒）	销售额（元）
甲规格	220	121000
乙规格	210	105000
丙规格	200	90000

如果你是李某，该如何计算茶叶的平均价格？

拓展空间

模块五　学习评价空间

评价内容	评价人	评价结果					评　语
		优	良	中	及格	不及格	
自我学习	自评						
上课表现	教师						
团队学习	组长						
实践锻炼	教师						

任务七 平均指标分析技术（三）

模块一 自我学习空间

几何平均数 平均比率 平均速度

学习笔记：

模块二　跟我学习空间

知识点一：几何平均数

几何平均数是 n 个标志值连乘积的 n 次方根求得的平均数。

知识点二：几何平均数的计算

1. 简单几何平均数。

$$\bar{x}_G = \sqrt[n]{x_1 \cdot x_2 \cdots x_n} = \sqrt[n]{\prod x}$$

式中：

$\bar{x}_G$——几何平均数；

$\prod$——连乘符号。

[例 7-1] 某机械厂生产机器，设有毛坯、粗加工、精加工、装配四个连续作业的车间，各车间某批产品的合格率分别为 96%、93%、95%、97%，求各车间制品平均合格率。

各车间制品平均合格率为：

$$\bar{X}_G = \sqrt[4]{96\% \times 93\% \times 95\% \times 97\%} = \sqrt[4]{82.27\%} = 95.24\%$$

2. 加权几何平均数。

$$\bar{x}_G = \sqrt[f_1+f_2+\cdots+f_n]{x_1^{f_1} \cdot x_2^{f_2} \cdots x_n^{f_n}} = \sqrt[\Sigma f]{\prod x^f}$$

[例 7-2] 某笔为期 20 年的投资按复利计算收益，前 10 年的年利率为 10%，中间 5 年的年利率为 8%，最后 5 年的年利率为 6%。整个投资期间的年平均利率为：

$$\bar{x}_G = \sqrt[10+5+5]{1.1^{10} \times 1.08^5 \times 1.06^5} - 1$$

$$= \sqrt[20]{5.1001} - 1 = 108.487\% - 1 = 8.487\%$$

学习笔记

模块三　团队学习空间

　　根据第五次、第六次人口普查资料，我国总人口 2000 年 11 月 1 日 0 时普查时为 129533 万人，2010 年 11 月 1 日 0 时普查时为 137054 万人，试求两次人口普查之间我国人口年平均增长速度。如果以 2010 年人口普查数为基数，其后每年以该速度递增，到 2020 年我国总人口将达到多少？结合案例，说明几何平均数在实际中的应用。

团队学习

模块四　拓展空间

1. 上网查阅《中华人民共和国 2017 年国民经济和社会发展统计公报》。

2. 李明在创新创业中，为解决资金不足，向某银行申请贷款，该行的银行贷款期限为 10 年，年息按复利计算，年利率及有关资料如下表：

年利率（％）	年数（年）
6	2
7	5
8	2
9	1
合计	10

应用几何平均数的知识，请帮他计算该项贷款的平均年利率。

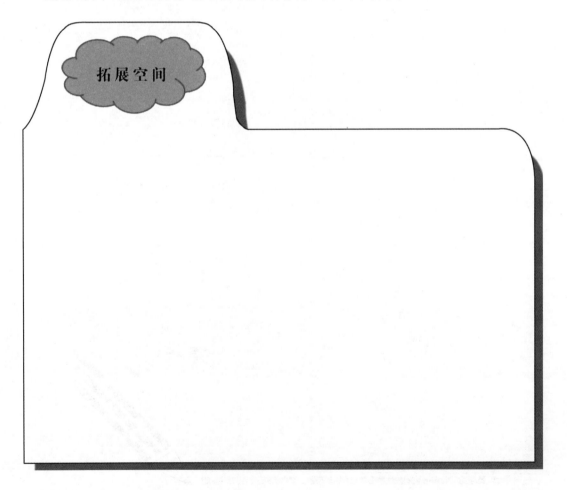

拓展空间

模块五　学习评价空间

评价内容	评价人	评价结果					评　语
		优	良	中	及格	不及格	
自我学习	自评						
上课表现	教师						
团队学习	组长						
实践锻炼	教师						

任务八　平均指标分析技术（四）

模块一　自我学习空间

众数　众数组

☁ 学习笔记：

模块二 跟我学习空间

知识点一：众数

众数是指总体中出现次数最多的标志值。

知识点二：众数确定

1. 根据单项式数列确定众数。

计算步骤：

第一步，在数列中找出出现次数最多的组，即众数组；

第二步，确定众数，众数组中的标志值就是众数。

[例8-1] 调查200名顾客购买某皮鞋的有关资料如表8-1所示。

表8-1 200名顾客购鞋资料

皮鞋尺寸（厘米）	人数（人）
23	20
24	40
25	78
26	50
27	12
合计	200

从表中可以看出第三组顾客最多，有78人，该组为众数组，则尺寸25厘米就是众数。

2. 根据组距式数列确定众数。

一般步骤：

第一步，先确定众数组；

第二步，根据上限公式或下限公式计算众数的近似值。

下限公式：$M_0 = L + \dfrac{\Delta_1}{\Delta_1 + \Delta_2} \times i$

上限公式：$M_0 = U - \dfrac{\Delta_2}{\Delta_1 + \Delta_2} \times i$

式中：

M_0—— 众数；

U—— 众数组的上限；

L—— 众数组的下限；

Δ_1—— 众数组次数与前一组次数之差；

Δ_2—— 众数组次数与后一组次数之差；

i—— 组距。

[例8-2] 2017年某企业调查500名职工月收入资料如表8-2所示。

表8-2　2017年某企业职工月收入资料

人均月收入（元）	职工数（人）
2000 以下	5
2000～2500	10
2500～3000	80
3000～3500	130
3500～4000	180
4000～4500	50
4500～5000	30
5000 以上	15
合　计	500

从表中资料可知，职工数最多的是180人，它所对应的月收入为3500～4000元。因此，这一组就是众数组，利用下限公式计算众数的近似值：

$$M_0 = 3500 + \frac{50}{50 + 130} \times 500 = 3638.9(元)$$

学习笔记

模块三　团队学习空间

分组编制习题，分别采用组距式数列的上限公式和下限公式确定众数。

团队学习

模块四　拓展空间

　　如果你是一名刚毕业的大学生，决定自主创业。假设要说明消费者需要的服装、鞋帽等的普遍尺码，反映集市贸易市场某种蔬菜的价格等，通过市场调查，你如何应用所学的统计知识，满足消费者的一般需求？

拓展空间

评价内容	评价人	评价结果					评　语
		优	良	中	及格	不及格	
自我学习	自评						
上课表现	教师						
团队学习	组长						
实践锻炼	教师						

任务九 平均指标分析技术（五）

模块一 自我学习空间

纽约州是穷州？

纽约州是不是个富州？纽约州的个人平均收入在美国全部 50 个州中位居第四，和它的富邻居康涅狄格及新泽西州一起名列前茅（后两州分列第一、第二名）。但是康涅狄格和新泽西州的住户中位收入分别居全国第七和第二名，纽约州却排在第二十九名，比全国平均的中位收入低许多。这是怎么回事？这只不过是平均数不同于中位数的另一个例子。纽约州有许多收入非常高的居民，把平均收入提高许多，但是它的贫困户比例比新泽西州和康涅狄格都要高，使得住户中位收入偏低。纽约州并不有钱——它只是同时拥有非常有钱和非常贫穷的居民这两种极端的一个州。

资料来源：戴维·S. 穆尔. 统计学的世界 [M]. 北京：中信出版社，2003.

请阅读短文，初步认识中位数的实际应用。

学习笔记：

模块二　跟我学习空间

知识点一：中位数

中位数是指将总体各单位标志值按大小顺序排列，处于中间位置的那个标志值。

知识点二：根据未分组资料确定中位数

中位数位置 = $(n+1)/2$

奇数：中间位置的那个标志值就是中位数。

偶数：处于中间位置左右两边的标志值的算术平均数就是中位数。

知识点三：根据分组资料确定中位数

1. 根据单项式确定中位数。

基本步骤：

第一步，确定中位数的位置，中位数位置 = $\Sigma f/2$；

第二步，根据累计次数确定中位数所在的组，即中位数组；

第三步，中位数组的标志值就是中位数。

［例9－1］根据表8－1中的资料计算中位数，如表9－1所示。

表9－1　200名顾客购鞋资料

皮鞋尺寸 x（厘米）	人数 f（人）	累计次数 s（人）	
		向上累计	向下累计
23	20	20	200
24	40	60	180
25	78	138	140
26	50	188	62
27	12	200	12
合计	200	—	—

根据表中资料计算中位数的位置：$200/2 = 100$。根据向上累计次数或向下累计次数分析，中位数是在第三组，该组为中位数组，则该组标志值25厘米就是中位数。

2. 根据组距式确定中位数。

基本步骤：

第一步，确定中位数的位置，中位数位置 = $\Sigma f/2$；

第二步，根据累计次数确定中位数所在的组，即中位数组；

第三步，采用比例插入法，用下限公式或上限公式求得中位数的近似值。

下限公式：

$$M_e = L + \frac{\dfrac{\sum f}{2} - S_{m-1}}{f_m} \times i$$

上限公式：

$$M_e = U - \frac{\dfrac{\sum f}{2} - S_{m+1}}{f_m} \times i$$

式中：

M_e—— 中位数；

L—— 中位数组的下限；

U—— 中位数组的上限；

S_{m-1}—— 中位数组前一组的向上累计次数；

f_m—— 中位数组的次数；

S_{m+1}—— 中位数组后一组的向下累计次数；

i—— 中位数组的组距；

$\sum f$—— 总次数。

[例9-2] 根据表8-2中的资料计算中位数，如表9-2所示。

表 9 – 2 2017 年某企业职工月收入资料

人均月收入 x（元）	职数 f（人）	累计次数 S（人）	
		向上累计	向下累计
2000 以下	5	5	500
2000 ~ 2500	10	15	495
2500 ~ 3000	80	95	485
3000 ~ 3500	130	225	405
3500 ~ 4000	180	405	275
4000 ~ 4500	50	455	95
4500 ~ 5000	30	485	45
5000 以上	15	500	15
合计	500	—	—

根据表中资料计算中位数的位置：500/2 = 250。根据向上累计次数或向下累计次数分析，中位数是在第五组，该组为中位数组，则用下限公式计算中位数：

$$M_e = 3500 + \frac{\frac{500}{2} - 225}{180} \times 500 = 3569.4(元)$$

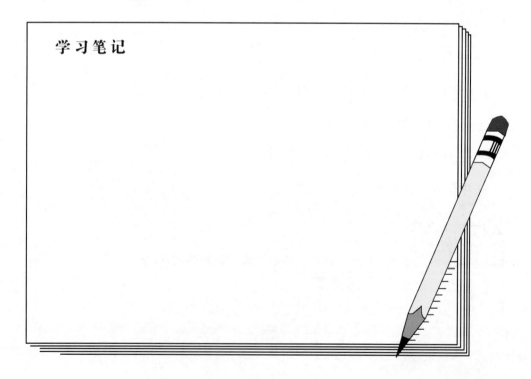

学习笔记

学习笔记

模块三 团队学习空间

Barens 医院的统计应用

华盛顿大学医疗中心的 Barens 医院建于 1914 年，是为圣路易斯及其邻近地区的居民提供医疗服务的主要医院，当时该医院被公认为美国最好的医院之一。Barens 医院有一个收容计划，用以帮助身患绝症的人及其家人提高生活质量。负责收容工作的小组包括一名主治医师、一名助理医师、护士长、家庭护士和临床护士、家庭健康服务人员、社会工作者、牧师、营养师、经过培训的志愿者，以及提供必要的其他辅助服务的专业人员。通过收容工作组的共同努力，身患绝症者的家人及其家庭会获得必要的指导和支持，以克服由于疾病、隔离和死亡而带来的紧张情绪。

收容工作组的协作和管理，采用每月报告和季度总结来帮助小组成员回顾过去的服务。对于工作数据的统计概括则用作方针措施规划和执行的基础。

比如，他们搜集了有关病人被工作组收容的时间的数据。一个含有 67 个病人记录的样本表，病人被收容的时间在 1～185 天内变化。频数分布表的使用对于概括总结收容天数的数据也是很有用的。此外，下面的描述统计学数值量度也被用于提供有关收容时间数据的有价值的信息，平均数是 35.7 天，中位数是 17 天，众数是 1 天，同时该样本也被用于提供有关收容时间数据的有价值的信息。对以上数据进行解释，表明了平均数即对病人的平均收容时间是 35.7 天，也就是 1 个月多一点。而中位数则表明半数病人的收容时间在 17 天以下，半数病人的收容时间在 17 天以上。众数是发生频数最多的数据值，众数为 1 天表明许多病人仅仅被收容了短短的 1 天。

有关该收容计划的其他统计汇总还包括住院费金额、病人在家时间与在医院时间的对比、痊愈出院的病人数目、病人在家死亡和在医院死亡的数目。这些汇总结果将根据病人的年龄和医疗普及程度的不同进行分析。总之，描述统计学为收容服务提供了有价值的信息。

资料来源：http：//taihang. hebau. edu. cn/jingpinke/wangluojiaoxue/jingpinkejian/tongjix-ue/anli. htm.

根据上述计算数据，分析比较众数、中位数和平均数的特点与应用。

团队学习

模块四　拓展空间

大学毕业的王某在创新创业中，专营水杯，她整理了 400 个水杯的单位价格及销售量情况，资料如下，为更好地经营管理商店，请帮她计算 400 个水杯单位价格的算术平均数、中位数、众数。

单位价格（元）	杯子数（个）
60 ~ 80	10
80 ~ 100	25
100 ~ 120	40
120 ~ 140	175
140 ~ 160	90
160 ~ 180	60
合计	400

拓展空间

模块五 学习评价空间

评价内容	评价人	评价结果					评　语
		优	良	中	及格	不及格	
自我学习	自评						
上课表现	教师						
团队学习	组长						
实践锻炼	教师						

任务十　标志变异指标分析技术（一）

模块一　自我学习空间

标志变异指标　全距（极差）　平均差　离差

学习笔记：

_____

_____

_____

_____

_____

_____

_____

_____

_____

_____

_____

_____

_____

_____

模块二 跟我学习空间

知识点一：标志变异指标、全距（极差）、平均差

标志变异指标是反映总体中各单位标志值差异程度的综合指标，又称标志变动度。

全距是指各单位标志值中两个极端数值，即最大值与最小值之差，故也称为"极差"，用符号"R"表示。

平均差是总体各单位标志值与其算术平均数离差的绝对值的算术平均数，用符号"$A \cdot D$"表示。

知识点二：标志变异指标和平均指标的关系（反比关系）

标志变异指标越大，平均指标的代表性越小；

标志变异指标越小，平均指标的代表性越大。

[例10-1] 有两个生产小组工人日产量情况如下（单位：件）：

甲组：5，6，7，8，9

乙组：3，4，7，9，12

通过计算平均指标可知，两小组的平均日产量相等，均为7件，表明从平均意义上说，两组的生产情况无差异。但从产量分布来看，明显可见甲组产量的分布较均匀，乙组产量的分布则具有悬殊的特点。

知识点三：全距计算

未分组资料或单项式数列资料：R = 最大标志值 - 最小标志值

分组资料：R = 最高组的上限 - 最低组的下限

[例10-2] 以例10-1中的资料为例，计算全距如下：

甲组：$R = 9 - 5 = 4$（件）

乙组：$R = 12 - 3 = 9$（件）

从全距来看，乙组生产的差异程度比甲组大，说明乙组生产的稳定性比较差。

知识点四：平均差计算

1. 简单平均差（未分组）。

一般步骤：

第一步，求各单位标志值与其算术平均数离差的绝对值；

第二步，将离差的绝对值之和除以项数。

$$A \cdot D = \frac{\sum |x - \bar{x}|}{n}$$

[例 10 - 3] 根据例 10 - 1 中资料计算两组产量的简单平均差，如表 10 - 1 所示。

表 10 - 1　简单平均差计算　　　　　　　　　　　　单件：件

甲　　组			乙　　组		
日产量 x	$x - \bar{x}$	$|x - \bar{x}|$	日产量 x	$x - \bar{x}$	$|x - \bar{x}|$
5	-2	2	3	-4	4
6	-1	1	4	-3	3
7	0	0	7	0	0
8	1	1	9	2	2
9	2	2	12	5	5
合计	—	6	合计	—	14

$$A \cdot D_{甲} = \frac{\sum |x - \bar{x}|}{n} = \frac{6}{5} = 1.2（件）\qquad A \cdot D_{乙} = \frac{\sum |x - \bar{x}|}{n} = \frac{14}{5} = 2.8（件）$$

计算结果表明，甲组的平均差明显地小于乙组，说明甲组的平均日产量的代表性和生产的稳定性要大于乙组。

2. 加权平均差（分组）。

$$A \cdot D = \frac{\sum |x - \bar{x}| \cdot f}{\sum f}$$

［例 10 - 4］利用表 5 - 3 资料计算加权平均差，如表 10 - 2 所示。

表 10 - 2　加权平均差计算

按成绩分组（分）	f	x	xf	$x - \bar{x}$	$\lvert x - \bar{x} \rvert$	$\lvert x - \bar{x} \rvert \cdot f$
60 以下	3	55	165	− 23.8	23.8	71.4
60 ~ 70	7	65	455	− 13.8	13.8	96.6
70 ~ 80	14	75	1050	− 3.8	3.8	53.2
80 ~ 90	20	85	1700	6.2	6.2	124.0
90 以上	6	95	570	16.2	16.2	97.2
合计	50	—	3940	—	—	442.4

$$\bar{x} = \frac{\sum xf}{\sum f} = \frac{3940}{50} = 78.8（分）$$

$$A \cdot D = \frac{\sum \lvert x - \bar{x} \rvert \cdot f}{\sum f} = \frac{442.4}{50} = 8.848（分）$$

一般而言，平均差越大，标志差异程度越大，平均数代表性越小；反之，平均数代表性越大。

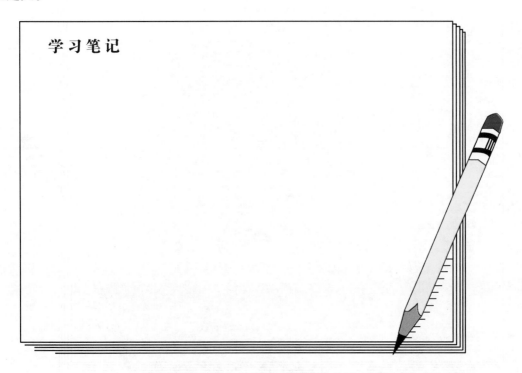

学习笔记

学习笔记

模块三　团队学习空间

分组分析全距、平均差的计算在实际应用中的限制。

団
队
学
习

模块四　拓展空间

张某在某繁华商业区自主经营一家咖啡店，实行两班制，每班均有5个营业员，某天的销售量（单位：盒）如下：

甲组：8，10，11，13，15

乙组：10，12，14，15，16

为进一步做好经营管理工作，请问张某该如何计算各组的算术平均数、全距、平均差、标准差和标准差系数？说明哪个组的平均数更具有代表性。

拓展空间

模块五　学习评价空间

评价内容	评价人	评价结果					评　语
		优	良	中	及格	不及格	
自我学习	自评						
上课表现	教师						
团队学习	组长						
实践锻炼	教师						

任务十一 标志变异指标分析技术（二）

模块一 自我学习空间

标准差（均方差）方差 变异系数（离散系数） 极差系数 平均差系数 标准差
系数

学习笔记：

模块二　跟我学习空间

知识点一：标准差（均方差）　方差　变异系数（离散系数）　极差系数　平均差系数　标准差系数

标准差（均方差）是总体各单位标志值与其算术平均数离差平方的算术平均数的平方根，用符号"σ"表示。

标准差的平方称为方差。

变异系数（离散系数），是指标志变异指标与其算术平均数之比。

极差系数是极差与其算术平均数的对比值。

平均差系数是平均差与其算术平均数的对比值。

标准差系数是标准差与其算术平均数的对比值（应用普遍）。

知识点二：标准差计算

基本步骤：

第一步，计算各单位标志值与其算术平均数的离差；

第二步，将各离差进行平方；

第三步，将离差平方和除以离差项数，计算出方差 σ^2；

第四步，计算方差的平方根，即为标准差。

1. 简单标准差（未分组）。

$$\sigma = \sqrt{\frac{\sum (x - \bar{x})^2}{n}}$$

［例 11-1］采用例 10-1 的资料说明简单标准差的计算步骤，如表 11-1 所示。

表 11-1　简单标准差计算

甲　组			乙　组		
日产量 x	$x - \bar{x}$	$(x - \bar{x})^2$	日产量 x	$x - \bar{x}$	$(x - \bar{x})^2$
5	-2	4	3	-4	16
6	-1	1	4	-3	9
7	0	0	7	0	0

8	1	1	9	2	4
9	2	4	12	5	25
合计	—	10	合计	—	54

$$\sigma_{甲} = \sqrt{\frac{\sum (x - \bar{x})^2}{n}} = \sqrt{\frac{10}{5}} = 1.41(件)$$

$$\sigma_{乙} = \sqrt{\frac{\sum (x - \bar{x})^2}{n}} = \sqrt{\frac{54}{5}} = 3.29(件)$$

计算结果表明，甲组的标准差比乙组小，说明甲组平均指标的代表性和生产的稳定性都比乙组好。

2. 加权标准差（分组）。

$$\sigma = \sqrt{\frac{\sum (x - \bar{x})^2 f}{\sum f}}$$

[例 11 - 2] 仍以表 5 - 3 资料计算加权标准差，如表 11 - 2 所示。

表 11 - 2 加权标准差计算

按成绩分组（分）	f	x	xf	$x - \bar{x}$	$(x - \bar{x})^2$	$(x - \bar{x})^2 \cdot f$
60 以下	3	55	165	− 23.8	566.44	1699.32
60 ~ 70	7	65	455	− 13.8	190.44	1333.08
70 ~ 80	14	75	1050	− 3.8	14.44	202.16
80 ~ 90	20	85	1700	6.2	38.44	768.8
90 以上	6	95	570	16.2	262.44	1574.64
合计	50	—	3940	—	—	5578

$$\bar{x} = \frac{\sum xf}{\sum f} = \frac{3940}{50} = 78.8(分)$$

$$\sigma = \sqrt{\frac{\sum (x - \bar{x})^2 f}{\sum f}} = \sqrt{\frac{5578}{50}} = 10.56(分)$$

知识点三：变异系数计算

$$v\sigma = \frac{\sigma}{\bar{x}} \times 100\%$$

［例11-3］甲商店职工的平均工资为1800元，标准差为40元；乙商店职工的平均工资为1200元，标准差为36元。计算标准差系数。

$$v\sigma_{甲} = \frac{40}{1800} = 2.2\%$$

$$v\sigma_{乙} = \frac{36}{1200} = 3\%$$

计算结果表明，甲商店的标准差系数小于乙商店的标准差系数，这说明甲商店平均工资的代表性好于乙商店。

学习笔记

学习笔记

模块三　团队学习空间

分组讨论标准差和标准差系数的区别。为什么要计算标准差系数?

团队学习

模块四 拓展空间

通过上网查询两家银行 2018 年 7、8 月交易日的股票日收盘价，试根据数据比较两家银行股票价格的稳定性。

拓展空间

模块五　学习评价空间

评价内容	评价人	评价结果					评　语
		优	良	中	及格	不及格	
自我学习	自评						
上课表现	教师						
团队学习	组长						
实践锻炼	教师						

任务十二 时间数列分析技术（一）

模块一 自我学习空间

时间数列 绝对数时间数列 相对数时间数列 平均数时间数列

学习笔记：

模块二　跟我学习空间

知识点一：时间数列

将某一个统计指标在不同时间上的各个数值按时间先后顺序排列，就形成了一个动态数列，也叫作时间数列。动态数列一般由两个基本要素构成：一是被研究现象所属的时间，二是反映该现象的统计指标数值。

知识点二：绝对数动态数列

时间数列中，统计指标值表现为总量指标。

知识点三：时期数列

时间数列中，统计指标值表现为总量指标中的时期指标。

知识点四：时点数列

时间数列中，统计指标值表现为总量指标中的时点指标。

知识点五：相对数时间数列

时间数列中，统计指标值表现为相对指标，它可以反映相互联系的现象之间的发展变化过程。

知识点六：平均数时间数列

时间数列中，统计指标值表现为平均指标，它可以反映现象一般水平的发展趋势。

[例12-1] 2014年至2017年统计公报相关数据。

年　份	2014年	2015年	2016年	2017年
快递业务量（亿件）	139.6	206.7	312.8	400.6
快递业务收入（亿元）	2045	2770	3974	4957
电信业年末全国电话用户总数（万户）	153552	153673	152856	161125
其中：移动电话用户（万户）	128609	130574	132193	141749
移动电话普及率（部/百人）	94.5	95.5	96.2	102.5
全国居民人均消费支出（元/人）	14491	15712	17111	18322

知识点七：时间数列的编制原则

1. 时间长短要相等；

2. 总体范围要一致；

3. 经济内容要一致，计算方法要统一。

知识点八：用图像描述时间数列特征

[例 12 - 2] 用图像描述时间数列特征案例。

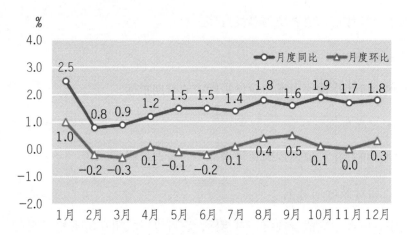

图 12 - 1   2017 年居民消费价格月度涨跌幅度

图 12 - 2   2013 ~ 2017 年快递业务量及其增长速度

资料来源：中华人民共和国 2017 年国民经济和社会发展统计公报。

图 12 – 3 2013~2017 年年末固定互联网宽带接入用户和移动宽带用户数

资料来源：中华人民共和国 2017 年国民经济和社会发展统计公报。

学习笔记

学习笔记

模块三　团队学习空间

任务：每个团队任选以下任务中的一个完成。

1. 请到国家统计局官方网站查阅 2014 年至 2017 年《国民经济和社会发展统计公报》，根据统计公报提供的全年国内生产总值、全年国内生产总值增长速度数据，编制时间数列，并用图形描述。

2. 请到国家统计局官方网站查阅 2014 年至 2017 年《国民经济和社会发展统计公报》，根据统计公报提供的全年全国居民人均可支配收入、全国居民人均消费支出编制时间数列，并用图形描述。

3. 请到国家统计局官方网站查阅 2014 年至 2017 年《国民经济和社会发展统计公报》，根据统计公报提供的电信业年末全国电话用户总数、移动电话用户总数、移动电话普及率编制时间数列，并用图形描述。

4. 请到国家统计局官方网站查阅 2014 年至 2017 年《国民经济和社会发展统计公报》，根据统计公报提供的互联网上网人数、手机上网人数、互联网普及率编制时间数列，并用图形描述。

要求：1. 组建本次活动团队，每个团队至少 6 名成员，选出 1 名队长，由队长分工完成任务。

2. 团队中有分工、有合作，祝大家合作愉快！

团队学习

团队学习

模块四　拓展空间

　　请根据你本年在本校就读期间的生活费数据和全国的 CPI 数据编制时间数列表，并绘制图形描述。

拓展空间

评价内容	评价人	评价结果					评　语
		优	良	中	及格	不及格	
自我学习	自评						
上课表现	教师						
团队学习	组长						
实践锻炼	教师						

任务十三　时间数列分析技术（二）

模块一　自我学习空间

发展水平　平均发展水平

学习笔记：

模块二　跟我学习空间

知识点一：发展水平

发展水平是指时间数列中的各项指标数值，它反映现象在一定时期内或时点上所达到的规模或水平，是计算动态分析指标的基础。发展水平一般是时期或时点总量指标，用 a_i 表示。

知识点二：由绝对数动态数列计算平均发展水平

1. 由时期数列计算平均发展水平。

$$\bar{a} = \frac{\sum a_i}{n}$$

式中：

$\bar{a}$——平均发展水平；

a_i——各期发展水平。

［例 13 – 1］××地区房地产投资额资料见表 13 – 1，计算该地区 2013 ~ 2017 年平均房地产投资额。

表 13 – 1　　××地区房地产投资额资料　　　　　　　　　　单位：亿元

时间	2013 年	2014 年	2015 年	2016 年	2017 年
房地产投资额	1150. 30	1542. 25	1678. 76	1867. 36	2268. 33

$$\bar{a} = \frac{\sum a_i}{n} = \frac{1150.30 + 1542.25 + 1678.76 + 1867.36 + 2268.22}{5} = 1701.4(亿元)$$

2. 由时点数列计算平均发展水平。

（1）由连续时点数列计算平均发展水平。

连续时点数列：逐日排列的时点数列。

①时点数列的资料是逐日登记且逐日排列。

$$\bar{a} = \frac{\sum a_i}{n}$$

［例 13 – 2］某系学生星期一至星期五出勤人数资料见表 13 – 2，计算该系学生 5 天平均出勤人数。

表 13-2　某系学生出勤人数资料

时间	星期一	星期二	星期三	星期四	星期五
人数（人）	240	244	242	249	250

$$\bar{a} = \frac{\sum a_i}{n} = \frac{240 + 244 + 242 + 249 + 250}{5} = 245(人)$$

②编制时点数列时指标值发生变动时才记录一次。

$$\bar{a} = \frac{\sum a_i f_i}{\sum f_i}$$

式中：

f_i—— 两相邻时点的间隔长度。

[例 13-3] 某企业某年 11 月份产品库存额资料见表 13-3，计算该企业 11 月份平均产品库存额。

表 13-3　某企业 11 月库存变动情况表

时间（日）	1~4	5~9	10~16	17~24	25~30
产品库存量（千克）	1080	1140	1106	985	1020

$$\bar{a} = \frac{1080 \times 4 + 1140 \times 5 + 1106 \times 7 + 985 \times 8 + 1020 \times 6}{4 + 5 + 7 + 8 + 6} = 1058.73(千克)$$

（2）由间断时点数列计算平均发展水平。

①间断时点数列时间间隔相等。

$$\bar{a} = \frac{\frac{a_1}{2} + a_2 + \cdots + a_{n-1} + \frac{a_n}{2}}{n - 1} (首末折半法)$$

[例 13-4] 某企业某年第一季度职工人数资料见表 13-4。计算该企业第一季度平均职工人数。

表 13-4　某企业某年第一季度职工人数资料

日期	1月1日	2月1日	3月1日	4月1日
月初职工人数（人）	1400	1420	1450	1440

$$\bar{a} = \frac{\dfrac{1400+1420}{2} + \dfrac{1420+1450}{2} + \dfrac{1450+1440}{2}}{3} = 1430(人)$$

②间断时点数列时间间隔不等。

$$\bar{a} = \frac{\dfrac{a_1+a_2}{2} \cdot f_1 + \dfrac{a_2+a_3}{2} \cdot f_2 + \cdots + \dfrac{a_{n-1}+a_n}{2} \cdot f_{n-1}}{f_1+f_2+\cdots+f_{n-1}} = \frac{\sum \bar{a}_i f_i}{\sum f_i}$$

式中：

f_i——各间隔时间长度。

[例 13 - 5] 某城市某年的外来人口资料见表 13 - 5。计算该年该城市的平均外来人口数。

表 13 - 5　某城市某年的外来人口资料

日期	1 月 1 日	5 月 1 日	8 月 1 日	12 月 31 日
外来人口数（万人）	13.53	13.87	14.01	13.37

$$\bar{a} = \frac{\dfrac{13.53+13.87}{2} \times 4 + \dfrac{13.87+14.01}{2} \times 3 + \dfrac{14.01+13.37}{2} \times 5}{4+3+5} = 13.76(万人)$$

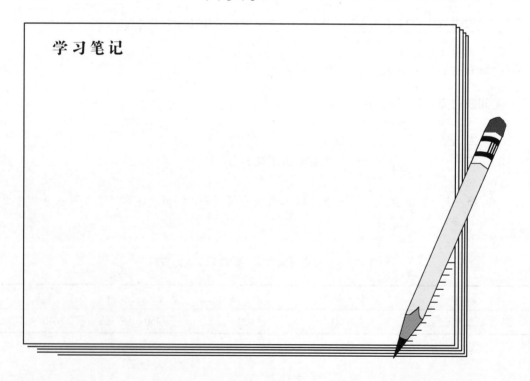

学习笔记

学习笔记

模块三　团队学习空间

任务：每个团队任选以下任务之一完成。

1. 请根据任务十二完成的时间数列，计算 2014 年至 2017 年平均每年国内生产总值。

2. 根据任务十二完成的时间数列，计算 2014 年至 2017 年电信业平均每年全国电话用户总数。

要求：1. 组建本次活动团队，每个团队至少 6 名成员，选出 1 名队长，由队长分工完成任务。

2. 团队中有分工、有合作，祝大家合作愉快！

团
队
学
习

模块四　拓展空间

小张是 R 公司的仓库管理员，其在××年填报的月平均库存额资料见表 13 – 6，上级主管要求小张填报第一季度平均库存额，小张的计算如下：

$$\text{第一季度平均库存额} = \frac{\frac{12}{2} + 23 + 17 + \frac{10}{2}}{4 - 1} = 17 \text{（万元）}$$

这样计算正确吗？为什么？

表 13 – 6　某企业月平均库存额资料

时间	1 月	2 月	3 月	4 月
月平均库存额（万元）	12	23	17	10

拓展空间

评价内容	评价人	评价结果					评　语
		优	良	中	及格	不及格	
自我学习	自评						
上课表现	教师						
团队学习	组长						
实践锻炼	教师						

任务十四　时间数列分析技术（三）

模块一　自我学习空间

平均发展水平　最初水平　最末水平　报告期水平　基期水平

学习笔记：

模块二　跟我学习空间

知识点一：由相对数时间数列或平均数时间数列计算平均发展水平

$$\bar{c} = \frac{\bar{a}}{\bar{b}}$$

式中：

$\bar{a}$——分子的时间数列平均发展水平；

$\bar{b}$——分母的时间数列平均发展水平；

$\bar{c}$——相对数或平均数平均发展水平。

[例 14 – 1] 某大型超市第一季度商品销售额与月初商品库存额资料见表 14 – 1。

表 14 – 1　某大型超市第一季度商品销售额与月初商品库存额资料

月　　份	1 月	2 月	3 月	4 月
商品销售额 a（万元）	120	220	350	—
月初商品库存额 b（万元）	50	70	90	110
商品流转次数 c（次）	2	2.75	3.5	—

计算该大型超市第一季度月平均商品流转次数。

$$\bar{c} = \frac{\bar{a}}{\bar{b}} = \frac{\dfrac{\sum a}{n}}{\dfrac{\dfrac{b_1}{2} + b_2 + \cdots + b_{n-1} + \dfrac{b_n}{2}}{n-1}} = \frac{\dfrac{120 + 220 + 350}{3}}{\dfrac{\dfrac{50}{2} + 70 + 90 + \dfrac{110}{2}}{4-1}} = \frac{230}{80} = 2.875（次）$$

该超市第一季度平均商品周转次数为 2.875 次。

知识点二：最初水平、最末水平、中间水平

时间数列中各时间上的发展水平按时间顺序可以记为 a_0，a_1，a_2，a_3，…，a_n，其中 a_0 为最初水平，a_n 为最末水平，在最初水平和最末水平之间的称为中间水平。

知识点三：报告期水平　基期水平

在对各个时间的发展水平进行比较时，把作为比较基础的那个时间称为基期，相对应的发展水平称为基期水平；把所研究考察的那个时间称为报告期，相对应的发展水平称为报告期水平。

学习笔记

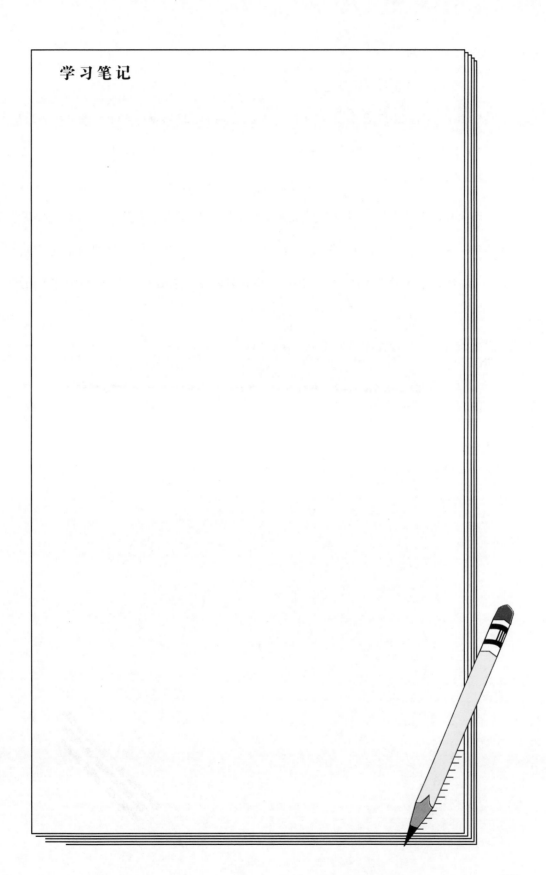

模块三　团队学习空间

任务：每个团队任选以下任务之一完成。

1. 某校 2013 年至 2017 年各年末在校生人数分别为 12346 人、13485 人、15662 人、16438 人和 17103 人，其中女生人数分别为 5782 人、6873 人、7135 人、7847 人、8206 人，试计算 2014 年至 2017 年女生人数占在校生人数的平均比重。

2. 某商店某年 1 至 3 月计划销售额分别为 45 万元、40 万元、46 万元，计划完成程度分别为 104％、98％ 和 95％，试计算该商店该年第一季度平均每月销售计划的完成程度。

要求：1. 组建本次活动团队，每个团队至少 6 名成员，选出 1 名队长，由队长分工完成任务。

2. 团队中有分工、有合作，祝大家合作愉快！

团队学习

模块四 拓展空间

小张是 R 公司财务部职工，上级主管要求其填报 R 公司各季度劳动生产率和全年劳动生产率。为完成任务，小张收集资料并将资料填入表 14 - 2 中。

表 14 - 2　R 公司 × × 年工业总产值及职工人数

季　度	一	二	三	四
总产值（万元）	620	594.5	627	630
季度末职工人数（人）	2100	2100	2080	2020

请问根据小张收集的统计数据能完成上级主管交给的任务吗？如果不能，请补充。

拓展空间

模块五 学习评价空间

评价内容	评价人	评价结果					评 语
		优	良	中	及格	不及格	
自我学习	自评						
上课表现	教师						
团队学习	组长						
实践锻炼	教师						

任务十五　时间数列分析技术（四）

模块一　自我学习空间

增长量　平均增长量　发展速度　增长速度　增长1%的绝对值

学习笔记：

模块二　跟我学习空间

知识点一：增长量

增长量 = 报告期水平 − 基期水平

1. 逐期增长量 $= a_n - a_{n-1}$

2. 累计增长量 $= a_n - a_0$

［例 15−1］完成表 15−1。

表 15−1　某城市某几年的快递业务量资料

年　份	2014 年	2015 年	2016 年	2017 年
快递业务量（亿件）	139.6	206.7	312.8	400.6
逐期增长量 $a_n - a_{n-1}$				
累计增长量 $a_n - a_0$				

知识点二：平均增长量

$$平均增长量 = \frac{逐期增长量之和}{逐期增长量的个数} = \frac{累计增长量}{时间数列的项数 - 1}$$

［例 15−2］请根据表 15−1，计算平均增长量。

$$平均增长量 = \frac{累计增长量}{时间数列的项数 - 1} = \frac{400.6 - 139.6}{4 - 1} = 87（亿件）$$

知识点三：发展速度

$$发展速度 = \frac{报告期水平}{基期水平}$$

1. 定基发展速度 $= \dfrac{报告期发展水平}{某一固定基期发展水平} = \dfrac{a_i}{a_0}$

2. 环比发展速度 $= \dfrac{报告期水平}{前一期水平} = \dfrac{a_i}{a_{i-1}}$

［例 15−3］完成表 15−2。

表 15−2　某城市某几年的快递业务量资料

年　份	2014 年	2015 年	2016 年	2017 年
快递业务量（亿件）	139.6	206.7	312.8	400.6
定基发展速度（%）				
环比发展速度（%）				

知识点四：增长速度

$$增长速度 = \frac{报告期增长量}{基期水平} = \frac{报告期水平 - 基期水平}{基期水平} = \frac{报告期水平}{基期水平} - 1 = 发展速度 - 1$$

1. 定基增长速度 $= \frac{a_i}{a_0} - 1$

2. 环比增长速度 $= \frac{a_i}{a_{i-1}} - 1$

［例 15 - 4］完成表 15 - 3。

表 15 - 3　某城市某几年的快递业务量资料

年　份	2014 年	2015 年	2016 年	2017 年
快递业务量（亿件）	139.6	206.7	312.8	400.6
定基增长速度（%）				
环比增长速度（%）				

知识点五：增长 1% 的绝对值

$$增长 1\% 的绝对值 = \frac{逐期增长量}{环比增长速度 \times 100} = \frac{a_n - a_{n-1}}{\dfrac{a_n - a_{n-1}}{a_{n-1}} \times 100} = \frac{a_{n-1}}{100}$$

［例 15 - 5］完成表 15 - 4。

表 15 - 4　某城市某几年的快递业务量资料

年　份	2014 年	2015 年	2016 年	2017 年
快递业务量（亿件）	139.6	206.7	312.8	400.6
定基增长速度（%）				
环比增长速度（%）				

学习笔记

模块三　团队学习空间

任务：每个团队任选以下任务之一完成。

1. 请根据任务十二完成的时间数列，计算 2014 年至 2017 年每年国内生产总值的逐期增长量、累计增长量、定基发展速度、环比发展速度、定基增长速度、环比增长速度和增长 1% 的绝对值。

2. 根据任务十二完成的时间数列，计算 2014 年至 2017 年电信业每年全国电话用户总数的逐期增长量、累计增长量、定基发展速度、环比发展速度、定基增长速度、环比增长速度和增长 1% 的绝对值。

要求：1. 组建本次活动团队，每个团队至少 6 名成员，选出 1 名队长，由队长分工完成任务。

2. 团队中有分工、有合作，祝大家合作愉快！

团队学习

模块四　拓展空间

　　请到国家统计局官网查询本年度最近月份的《××年××月 70 个大中城市商品住宅销售价格变动情况》，并解读《××年××月 70 个大中城市商品住宅销售价格变动情况》中的统计数据。

拓展空间

模块五　学习评价空间

评价内容	评价人	评价结果					评　语
		优	良	中	及格	不及格	
自我学习	自评						
上课表现	教师						
团队学习	组长						
实践锻炼	教师						

任务十六 时间数列分析技术（五）

模块一 自我学习空间

平均发展速度　平均增长速度

学习笔记：

模块二　跟我学习空间

知识点一：平均发展速度的确定

用水平法计算平均发展速度：

$$\bar{a} = \sqrt[n]{R} = \sqrt[n]{\frac{a_1}{a_0} \times \frac{a_2}{a_1} \times \cdots \times \frac{a_n}{a_{n-1}}} = \sqrt[n]{\frac{a_n}{a_0}}$$

其中：

R——总发展速度。

[例16-1] 根据第五次、第六次人口普查资料，我国大陆人口 2000 年普查时为 126583 万人，2010 年普查时为 133972 万人，试求两次人口普查之间我国人口年平均发展速度。

由题中已知 $a_0 = 126583$，$a_n = 133972$，$n = 10$

$$\bar{a} = \sqrt[n]{R} = \sqrt[n]{\frac{a_n}{a_0}} = \sqrt[10]{\frac{133972}{126583}} = 1.005689 \times 100\% = 100.5689\%$$

知识点二：平均增长速度 = 平均发展速度 -1

[例16-2] 根据例16-1，试求我国 2000 年至 2010 年这 10 年的人口年平均增长速度。

平均增长速度 = 平均发展速度 -1 = 100.5689% -1 = 0.5689%

[例16-3] 如果以 2010 年人口普查数为基数，其后每年以 5.689‰ 的速度递增，计算到 2020 年我国大陆人口将达到多少。

解：$a_n = a_0 \cdot \bar{a}^n = 133972 \times 1.005689^{10} = 141792$（万人）

即按 5.689‰ 的速度递增，到 2020 年 11 月 1 日我国大陆人口将超过 14 亿人。

学习笔记

模块三　团队学习空间

任务：每个团队任选以下任务之一完成。

1. 据国家统计局 2018 年 1 月 18 日发布的新闻《2017 年经济运行稳中向好、好于预期》显示，2017 年全年全国粮食总产量 61791 万吨，比上年增加 166 万吨，试分析 2017 年全年全国粮食总产量平均每月增长速度。

2. 已知某学校的在校生人数连年增长，2017 年比 2016 年增长 15%，2016 年比 2015 年增长 10%，2015 年比 2014 年增长 8%，试计算三年来该校学生数量增长的总速度。

要求：1. 组建本次活动团队，每个团队至少 6 名成员，选出 1 名队长，由队长分工完成任务。

2. 团队中有分工、有合作，祝大家合作愉快！

团队学习

模块四　拓展空间

据国家统计局 2018 年 1 月 18 日发布的新闻《2017 年经济运行稳中向好、好于预期》显示，2017 年年末中国大陆总人口（包括 31 个省、自治区、直辖市和中国人民解放军现役军人，不包括香港、澳门特别行政区和台湾省以及海外华侨人数）为 139008 万人，比上年末增加 737 万人。试分析 2017 年年末中国大陆总人口平均每月增长速度。

拓展空间

模块五　学习评价空间

评价内容	评价人	评价结果					评　语
		优	良	中	及格	不及格	
自我学习	自评						
上课表现	教师						
团队学习	组长						
实践锻炼	教师						

任务十七　统计指数分析技术（一）

模块一　自我学习空间

2018 年 4 月 22 日，四川省图书馆发布《2017 年四川省图书馆阅读指数报告》，包括省馆阅读账单、人群特征、阅读偏好、服务效能等相关情况。这是省图书馆建馆以来发布的第一份阅读服务效能大数据报告。数据显示，四川省图书馆 2017 年共接待读者 197.93 万人次，平均日接待读者 6300 余人次；开通借阅服务人数 10.31 万人，其中"90 后"读者占 41.94%，成为到馆借阅读者的主要人群；持证读者年人均借阅纸质文献 8.96 册；文学依然是读者最喜爱的阅读内容。成都市锦江区年逾 70 岁的徐先生以年借阅纸质文献 245 本成为借书榜排名第一的"借阅达人"。

如果你来调查一个图书馆的阅读情况，你会编制哪些方面的指数？

学习笔记：

模块二　跟我学习空间

知识点一：统计指数的概念

统计指数是反映社会经济现象变动方向和程度的相对数。

知识点二：统计指数的种类

1. 个体指数和总指数（按计入指数项目多少不同）。

总指数是对个体指数的综合。将个体指数综合有两个途径：一个是对个体指数的简单汇总，不考虑权数，这类指数称为简单指数；另一个是编制指数时考虑权数的作用，这类指数称作加权指数。在加权指数中，根据计算方式不同，又可以分为加权综合指数和加权平均指数。

2. 数量指标指数和质量指标指数（按反映内容不同）。

3. 动态指数（时间性指数）和静态指数（区域性指数）（按对比场合）。

4. 定基指数和环比指数（按采用基期不同）。

知识点三：统计指数的作用

1. 综合反映现象总体的变动方向和变动程度；

2. 分析现象总体变动中的各个因素的影响方向和程度；

3. 分析研究社会经济现象在长时间内的变动趋势；

4. 对多指标复杂社会经济现象进行综合测评。

学习笔记

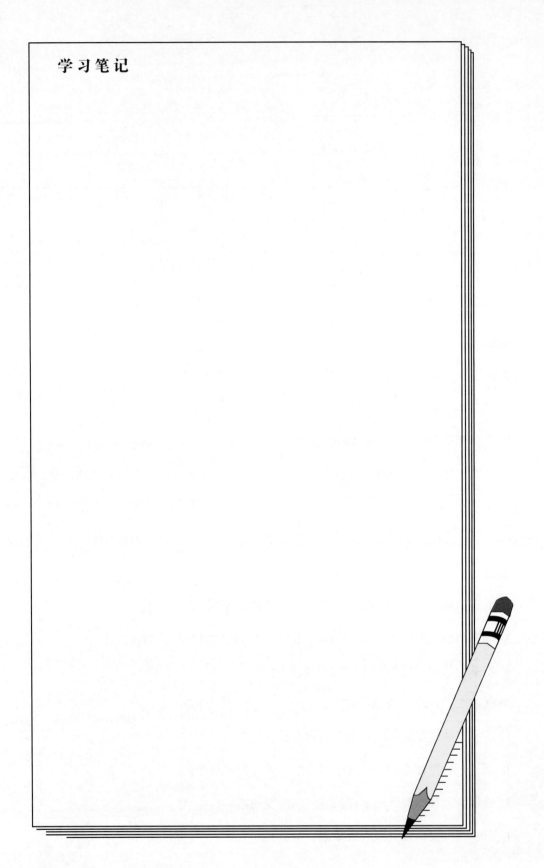

模块三　团队学习空间

　　任务：学校食堂的销售额受销售量和销售价格两个因素的影响，请对不同时期学校食堂销售额变动状况进行分析对比。

　　1. 食堂的销售量是增加了还是减少了？增加或减少的比例是多少？

　　2. 食堂饭菜的价格是增加了还是减少了？增加或减少的比例是多少？

　　要求：能用指数分析销售额变动情况吗？

团队学习

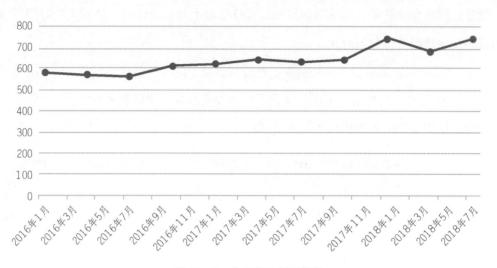

图 17-1 全国创业创新指数

资料来源：http：//inno. 36kr. com/#/city_ map.

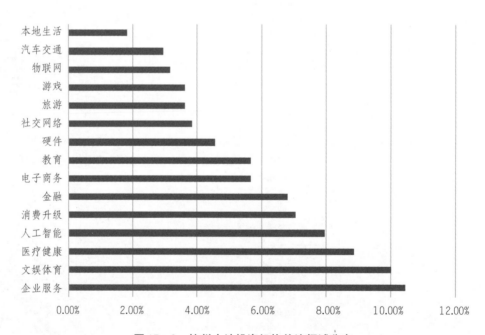

图 17-2 杭州本地投资机构关注领域分布

资料来源：https：//baijiahao. baidu. com/s？id = 1595576151072815165&wfr = spider&for = pc.

2015 年李克强总理在政府工作报告中提出"大众创业，万众创新"的号召，我国的创新创业指数在逐年攀升，创新创业的行业涉及也越来越广泛。请上相关网站，调查目前就读学校所在城市的创业项目主要分布区域。

拓展空间

评价内容	评价人	评价结果					评　语
		优	良	中	及格	不及格	
自我学习	自评						
上课表现	教师						
团队学习	组长						
实践锻炼	教师						

任务十八　统计指数分析技术（二）

模块一　自我学习空间

学校一家超市在新生开学报到期间，开展部分日用商品的促销活动，以 2017 年 9 月、10 月为例，该超市在 9 月份做了一系列的降价促销活动，部分商品的价格进行了不同程度的调整，销售量也随之有了较大幅度的变化。具体如表 18 - 1 所示：

表 18 - 1　学校超市 2017 年 9 月、10 月部分日用商品销售情况

商品名称	价格（元）		销售量（块、袋、瓶）	
	2017 年 9 月	2017 年 10 月	2017 年 9 月	2017 年 10 月
	p_0	p_1	q_0	q_1
香皂	3	4	1000	700
洗衣粉	5	6.5	800	700
洗发水	18	22	500	400

该超市进行促销活动时营业额是否有所增加？哪些商品适合做促销活动？

学习笔记：

模块二 跟我学习空间

知识点一：个体指数

$$k_q = \frac{q_1}{q_0}$$

$$k_p = \frac{p_1}{p_0}$$

式中：

k——指数；

q——数量指标；

p——质量指标；

0——基期；

1——报告期。

知识点二：简单指数就是不加权的指数，有简单综合指数和简单平均指数两种计算方法

1. 简单综合指数。

$$\bar{k}_q = \frac{\sum q_1}{\sum q_0}$$

$$\bar{k}_p = \frac{\sum p_1}{\sum p_0}$$

式中：

$\bar{k}$——简单综合指数。

2. 简单平均指数。

$$\bar{k}_q = \frac{\sum \frac{q_1}{q_0}}{n}$$

$$\bar{k}_p = \frac{\sum \frac{p_1}{p_0}}{n}$$

式中：

$\overline{k}$——简单平均指数。

知识点三：综合指数的特点

1. 需要将不能同度量的现象同度量化；

2. 需要固定分析因素；

3. 反映变动后的实际效果。

知识点四：加权综合指数的编制方法

1. 数量指标的编制：

$$\overline{k_q} = \frac{\sum q_1 p_0}{\sum q_0 p_0}$$

式中：

$\overline{k_p}$——数量指标综合指数。

2. 质量指标的编制。

$$\overline{k_p} = \frac{\sum q_1 p_1}{\sum q_1 p_0}$$

式中：

$\overline{k_q}$——质量指标综合指数。

知识点五：拉氏指数和帕氏指数

某商店三种商品销售情况如表 18 - 2 所示。

表 18 - 2　商品销售量和商品价格资料

商品名称	计量单位	销售量		价格（元）		销售额			
		基期 q_0	报告期 q_1	基期 p_0	报告期 p_1	$p_0 q_0$	$p_1 q_1$	$p_0 q_1$	$p_1 q_0$
甲	支	400	600	0.25	0.2	100	120	150	80
乙	件	500	600	0.4	0.36	200	216	240	180
丙	个	200	180	0.5	0.6	100	108	90	120
合计						400	444	480	380

根据表 18 – 2 资料，可得：

拉氏价格指数：

$$\bar{k}_p = \frac{\sum p_1 q_0}{\sum p_0 q_0} = \frac{380}{400} = 95\%$$

$$\sum p_1 q_0 - \sum p_0 q_0 = 380 - 400 = -20 （元）$$

计算结果表明：三种商品的价格水平平均下降了 5%，由于价格下跌，使商品销售额减少 20 元，从消费者一方看，使居民少支出 20 元。

拉氏物量指数：

$$\bar{k}_p = \frac{\sum q_1 p_0}{\sum q_0 p_0} = \frac{480}{400} = 120\%$$

$$\sum q_1 p_0 - \sum q_0 p_0 = 480 - 400 = 80 （元）$$

计算结果表明：三种商品的销售量平均增长了 20%，由于销售量增长，商店销售额增加了 80 元，或居民由于多购买商品而增加支出 80 元。

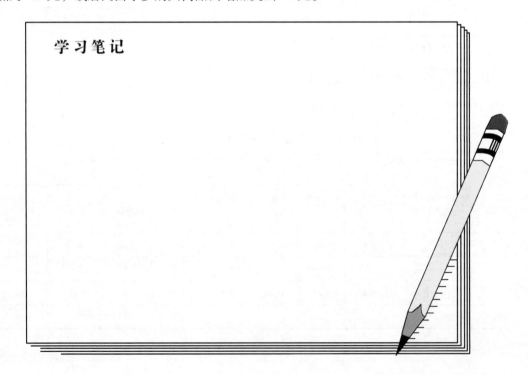

学习笔记

学习笔记

模块三　团队学习空间

任务：每个团队任选以下任务中的一个完成数量指标指数和质量指标指数的编制。

1. 请对学校周边大型超市促销活动进行调查。

2. 请对学校周边蛋糕店进行调查。

3. 请对学校周边品牌服装店进行调查。

4. 请对学校周边餐饮外卖情况进行调查。

要求：分析出该任务的经营状况。

团队学习

模块四　拓展空间

如果你在经营一家奶茶店，怎样通过搞系列活动来增加营业额？

拓展空间

评价内容	评价人	评价结果					评　语
		优	良	中	及格	不及格	
自我学习	自评						
上课表现	教师						
团队学习	组长						
实践锻炼	教师						

任务十九　统计指数分析技术（三）

模块一　自我学习空间

对任务十八的资料进行修改，对现在掌握的数据进行分析。

学校超市 2017 年 9 月、10 月部分日用商品销售情况

商品名称	销售量（块、袋、瓶）		销售量个体指数	报告期销售额
	2017 年 9 月	2017 年 10 月		
	q_0	q_1	kq	p_1q_1
香皂	1000		70%	2800
洗衣粉	800		87.5%	4350
洗发水	500		80%	8800

根据已知数据计算商品的销售量个数，编制该超市数量指标（销售量）指数。

📋 学习笔记：

模块二　跟我学习空间

知识点一：加权平均指数

是以个体指数为基础，通过对个体指数进行加权平均来编制的指数。

知识点二：编制加权平均指数

加权平均指数常用的基本形式：

1. 加权算术平均指数：

$$\bar{k}_q = \frac{\sum k_q q_0 p_0}{\sum q_0 p_0}$$

式中：

$\bar{k}_q$——加权平均数量指标指数；

$q_0 p_0$——权数；

k_p——数量指标个体指数$\frac{q_1}{q_0}$。

2. 加权调和平均指数：

$$\bar{k}_p = \frac{\sum q_1 p_1}{\sum \frac{1}{k_p} q_1 p_1}$$

式中：

$\bar{k}_p$——加权平均质量指标指数；

$q_1 p_1$——权数；

k_q——质量指标个体指数$\frac{p_1}{p_0}$。

[例 19 - 1] 利用表 18 - 1 资料计算四种商品销售量总指数并加以说明。

品　名	单　位	销售量		基期销售额	个体销售量指数
		基期 q_0	报告期 q_1	$p_0 q_0$	$K_q = q_1 / q_0$
甲	个	500	600	5	120%
乙	双	400	420	2	105%
丙	辆	100	80	3	80%
丁	台	200	210	10	105%

$$四种商品销售量总指数 = \frac{120\% \times 5 + 105\% \times 2 + 80\% \times 3 + 105\% \times 10}{5 + 2 + 3 + 10}$$

$$= \frac{21}{20} = 105\%$$

计算结果表明：四种商品的销售量报告期相比基期平均增长了5%，在保持基期价格不变的情况下，销售量增长使得销售额增加了 1 万元（21 − 20 = 1）。

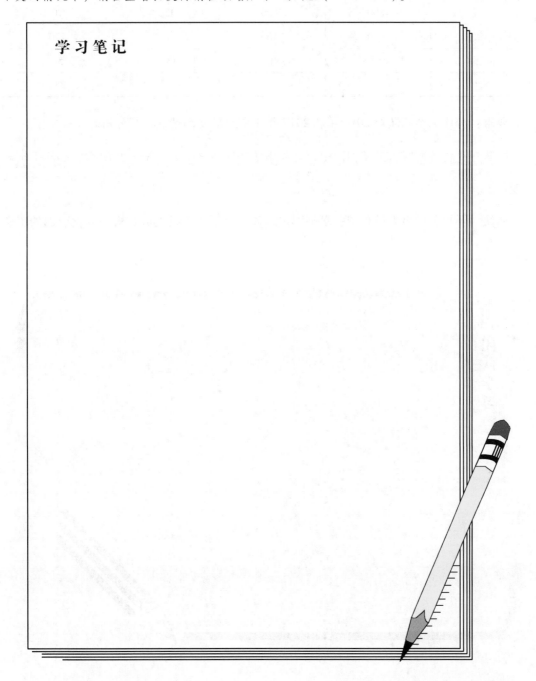

学习笔记

某公司专业岗位按职级分为初级、中级、高级，2016 年和 2017 年各职级的工资水平和人员数量如下表所示：

岗位级别	月工资水平		人员数量	
	2016 年	2017 年	2016 年	2017 年
初级	1800	2000	120	70
中级	2000	2400	90	130
高级	4000	4400	30	50
合 计			240	250

要求：分成两个团队对 2016 年和 2017 年工资总额变动情况进行分析。

团队一：将各职级人员结构固定，计算由于各职级月工资水平上涨因素引起的工资总额变化。

团队二：将各职级人员月工资水平固定，计算由于各职级人员结构的变化引起的工资总额变化。

团队学习

模块四　拓展空间

对学校周边不同时期的大学生兼职岗位、工资水平进行调研并分析。

拓展空间

模块五　学习评价空间

评价内容	评价人	评价结果					评　语
		优	良	中	及格	不及格	
自我学习	自评						
上课表现	教师						
团队学习	组长						
实践锻炼	教师						

任务二十　统计指数分析技术（四）

模块一　自我学习空间

某大型商场销售资料如下表所示：

商品名称	计量单位	职工人数（人）		人均销售量		商品单价（元）		销售额（万元）	
		基期	报告期	基期	报告期	基期	报告期	基期	报告期
A	件	10	12	50	55	100	120	5	7.92
B	条	8	6	400	450	10	12	3.2	3.24
C	双	4	5	350	420	40	50	5.6	10.5
合计								13.8	21.66

销售额与职工人数、人均销售量、商品单价之间存在什么样的对等关系？

学习笔记：

....

....

....

....

....

....

....

....

....

模块二 跟我学习空间

知识点一：指数体系

指数体系是指由数量上具有对等关系的指数所构成的有机整体。

知识点二：指数体系的作用

1. 可以分析复杂经济现象总变动中各因素变动的影响方向和程度；

2. 利用各指数之间的联系进行指数间的相互推算；

3. 为确定同度量因素时期提供依据。

知识点三：因素分析

1. 因素分析指利用指数体系，从相对数和绝对数两方面分析现象的总变动受各个因素变动影响的方法。因素分析按影响因素的多少不同，可分为两因素分析和多因素分析。

2. 总量指标两因素分析法。

$$k_{pq} = \frac{\sum q_1 p_1}{\sum q_0 p_0} \times 100\%$$

$$k_q = \frac{\sum q_1 p_0}{\sum q_0 p_0} \times 100\%$$

$$k_p = \frac{\sum q_1 p_1}{\sum q_1 p_0} \times 100\%$$

相对数：$k_{qp} = K_q \times K_P$

绝对数：$\sum q_1 p_1 - \sum q_0 p_0 = \left(\sum q_1 p_0 - \sum q_0 p_0 \right) - \left(\sum p_1 q_1 - \sum p_0 q_1 \right)$

学习笔记

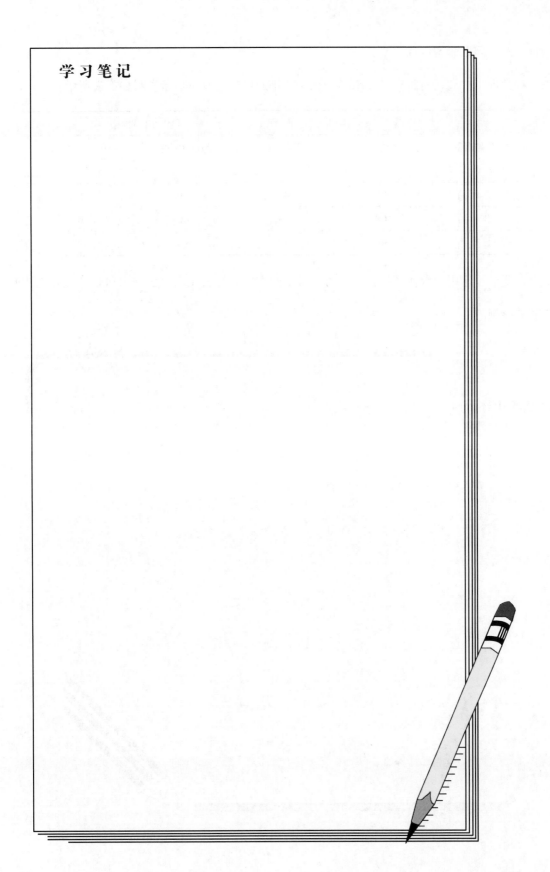

模块三 团队学习空间

某进出口公司三种产品 2016 年及 2017 年的出口价及出口量资料如下表所示：

商品名称	出口量		出口价格	
	2016 年	2017 年	2017 年 9 月	2017 年 10 月
	q_0	q_1	p_0	p_1
A 产品	40	41	50	75
B 产品	400	500	40	70
C 产品	30	32	60	60

要求：运用指数体系从相对数与绝对量两方面分析公司出口价与出口量的变化对出口额的影响。

团队学习

模块四　拓展空间

上相关网站了解中美贸易主要产品的进出口情况。

拓展空间

评价内容	评价人	评价结果					评　语
		优	良	中	及格	不及格	
自我学习	自评						
上课表现	教师						
团队学习	组长						
实践锻炼	教师						

任务二十一 统计指数分析技术（五）

模块一 自我学习空间

2018 年 1 月 10 日，国家统计局发布了 2017 年全国居民消费价格指数（CPI）和工业生产者出厂价格指数（PPI），CPI 较上年上涨了 1.6%，PPI 较上年上涨了 6.3%。2017 年 12 月份当月，CPI 同比上涨了 1.8%，食品价格下降了 0.4%，其中鲜菜和猪肉分别下降了 8.6% 和 8.3%，非食品价格上涨了 2.4%，其中医疗保健、居住、教育文化和娱乐价格分别上涨了 6.6%、2.8% 和 2.1%。全国居民消费价格指数（CPI）已经基本涵盖了全国城乡居民生活消费的食品烟酒、衣着、居住、生活用品及服务、交通和通信、教育文化和娱乐、医疗保健、其他用品和服务等八大类 262 个基本分类的商品与服务价格。

2017 年 1～12 月，全国商品住宅平均销售价格为 10455 元/平方米，与上年同期相比提高了 5.6%。

我国商品房价格的变动纳入 CPI 统计的范畴了吗？

学习笔记：

- -

- -

- -

- -

- -

模块二　跟我学习空间

知识点一：商品零售价格指数（RPI）

1. 商品的分类和选择；

2. 指数的编制方法。

知识点二：全国居民消费价格指数（CPI）

1. 指数的编制方法；

2. 指数的应用。

知识点三：生产者物价指数（PPI）

知识点四：股票价格指数

1. 典型的股票价格指数；

2. 股票价格指数的编制。

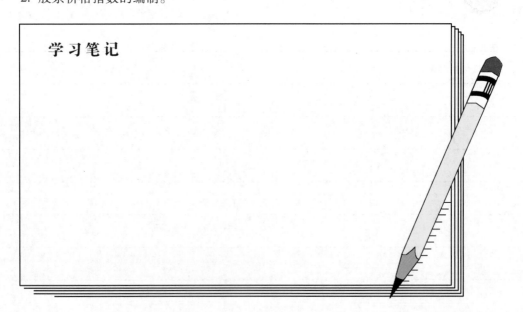

学习笔记

学习笔记

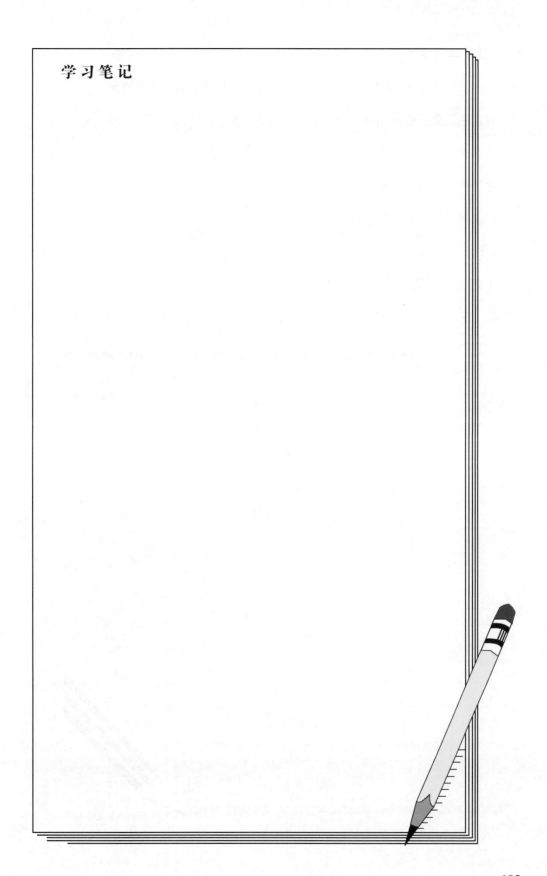

模块三　团队学习空间

任务：分为不同小组对学校附近区域一些代表商品的零售价格进行调查。

1. 对食品类商品进行调查（含粮食、副食品、烟酒、其他食品）。

2. 对衣着服饰类商品进行调查。

3. 对日用杂品类商品进行调查。

4. 对文化用品类商品进行调查。

5. 对医药类商品进行调查。

6. 对交通和通信类商品进行调查。

要求：编制该区域某月的商品零售价格指数。

团队学习

模块四 拓展空间

　　通过对本校在校女大学生化妆品消费情况进行调查，编制本校女大学生化妆品消费价格指数，并对女大学生化妆品消费趋势进行分析。

拓展空间

评价内容	评价人	评价结果					评　语
		优	良	中	及格	不及格	
自我学习	自评						
上课表现	教师						
团队学习	组长						
实践锻炼	教师						

任务二十二　抽样推断技术（一）

模块一　自我学习空间

人口变动情况抽样调查

人口变动情况抽样调查是中华人民共和国 80 年代以来所实施的一项全国规模的定期人口抽样调查。国家统计局在 1982 年人口普查的基础上，自 1982 年开始，每年调查一次，形成了一项调查制度。调查目的是为准确及时地掌握每年人口变动情况，并为国家检查人口政策和人口计划执行情况提供可靠的调查数据。人口变动情况抽样调查的基本方法是：以出生率作为估计样本的依据，确定把握程度为 95%，允许误差为 0.5‰，样本规模约 47 万人，总概率为万分之四点五，即近似 1/2000。采取分层多阶段随机等距整群的抽样方式。先按省（自治区、直辖市）和县、市分层，然后按县（市）、乡（街道）、村民小组（居民小组）3 个阶段抽样。第一阶段：省抽县、市（区）。县和市分层后，分别按地址码顺序排队，以累计的人数等距抽取 15% 的县或市（区）。第二阶段：在被抽中的县、市（区）内，以相同的方法抽取 10% 的乡或街道。第三阶段：在被抽中的乡或街道内，以相同方法抽选 3% 的村民小组或居民小组。对被抽中的村民小组或居民小组范围内的全部家庭户进行调查。例如，1985 年中国人口变动情况的抽样调查，在大陆 29 个省、自治区、直辖市共抽取了 413 个县、市（区），960 个乡（街道），3557 个村民小组（居民小组）。

资料来源：https：//baike. so. com/doc/6538313 – 6752052. html.

通过阅读短文，了解抽样调查程序、目的和基本方法。

学习笔记：

模块二　跟我学习空间

知识点一：抽样推断含义及特点

含义：抽样推断（抽样估计），是在抽样调查的基础上，利用样本实际资料计算样本指标数值，并对总体的数量特征做出具有一定可靠程度的估计和推断，以认识总体的一种统计研究方法。

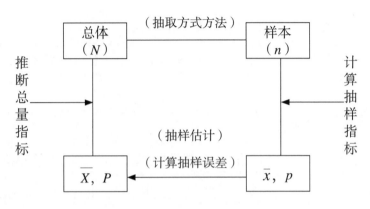

图 22 - 1　统计抽样过程示意图

特点：

按随机原则从总体中抽取调查单位；

用总体指标推断总体的数量特征；

抽样误差可以事先计算并加以控制。

知识点二：抽样推断基本概念

1. 总体（母体）和样本（子样）。

总体（母体），是所要认识的研究对象的全体，是由调查对象范围内具有共同性质的个别单位所组成的整体。组成总体的个别事物叫总体单位。总体单位数目通常都是很大的，甚至是无限的。总体单位数一般用符号 N 表示。

样本（子样），是从总体中随机抽取出来的部分调查单位所组成的集合体。样本单位数是有限的。样本单位数（样本容量）一般用符号 n 表示。

2. 总体指标（参数）和样本指标（统计量）。

总体指标（参数），是反映总体数量特征的综合指标。常用总体指标有总体平均数、总体方差（标准差）、总体成数和总体成数方差（标准差）。

样本指标（统计量），是根据样本各单位的标志值或标志特征计算的，反映样本数量特征的综合指标。样本指标主要有样本平均数、样本方差（标准差）、样本成数和样本成数方差（标准差）。

3. 样本容量和样本个数（样本可能数目）。

样本容量是指一个样本所包含的单位数，用 n 表示。

样本个数（样本可能数目），是指在一个抽样方案中从总体中所有可能被抽取的样本总数。

4. 重复抽样和不重复抽样。

重复抽样也称重置抽样、放回抽样、回置抽样等，是指从总体 N 个单位中随机抽取容量为 n 的样本时，每次抽取一个单位，把结果登记下来后，重新放回，再从总体中抽取下一个样本单位。

不重复抽样也称不重置抽样、不放回抽样、不回置抽样等，是指从总体 N 个单位中随机抽取容量为 n 的样本时，每次抽取一个单位后，不再放回去，下一次则从剩下的总体单位中继续抽取，如此反复，最终构成一个样本。

知识点三：抽样组织方式

1. 简单随机抽样（纯随机抽样）。

简单随机抽样（纯随机抽样），是按随机原则直接从总体中抽取样本，使总体中每个单位都有同等机会被抽中的一种抽样组织方式。

2. 类型抽样（分类抽样或分层抽样）。

类型抽样（分类抽样或分层抽样），是将总体按某一标志进行分组，然后在各组中随机抽取样本单位的抽样组织方式。

3. 等距抽样（机械抽样或系统抽样），是将总体各单位按一定顺序（标志）排队，然后按固定顺序或间隔抽取样本单位的抽样组织方式。

4. 整群抽样。

整群抽样，是指将总体各单位分成若干群，然后以群为单位，按随机原则抽取一些群，并将所有抽中群的所有单位组成一个样本，对样本进行全面调查的一种抽样组织方式。

5. 多阶段抽样（多级抽样）。

多阶段抽样（多级抽样），是将抽取样本单位的过程分为两个或两个以上阶段进行。即先从总体中抽选出构成样本的较大群体，再从这些被抽中的较大群体中进一步抽取较小的群体，这样一层一层地抽下去，直到最后抽取构成总体的最基本单位为止。

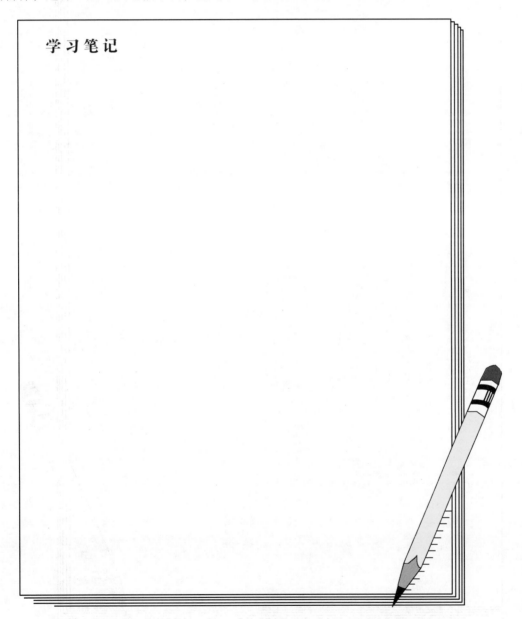

学习笔记

学习笔记

模块三　团队学习空间

任务：分组编制统计抽样案例。

要求：计算抽样指标，推断总量指标，掌握统计抽样过程。

团队学习

模块四　拓展空间

了解抽样调查的理论基础——大数定律、中心极限定理。

拓展空间

模块五 学习评价空间

评价内容	评价人	评价结果					评 语
		优	良	中	及格	不及格	
自我学习	自评						
上课表现	教师						
团队学习	组长						
实践锻炼	教师						

任务二十三　抽样推断技术（二）

模块一　自我学习空间

误差　抽样误差　抽样平均误差　抽样极限误差（允许误差或容许误差）　抽样推断

概率度　抽样推断概率保证程度

🌧 学习笔记：

模块二　跟我学习空间

知识点一：抽样误差　抽样平均误差　抽样极限误差（允许误差或容许误差）
抽样推断概率度　抽样推断概率保证程度

抽样误差是指在随机抽样的前提下，由于样本内部结构与总体结构有差异而引起的样本指标与总体指标之间的绝对离差。

抽样平均误差是所有的样本指标与总体指标之间的平均离差，也可理解为所有可能出现的样本指标（平均数或成数）的标准差。

抽样极限误差（允许误差或容许误差）是调查者根据抽样推断结果的精确度及可靠性要求确定的样本指标和总体指标之间误差的最大允许范围。

抽样推断概率度是抽样极限误差与抽样平均误差之比，用 t 表示。

抽样推断概率保证程度是表明样本指标和总体指标的误差不超过一定范围的概率。

知识点二：抽样平均误差计算

1. 重复抽样条件下，平均数抽样误差计算公式：

$$\mu_{\bar{x}} = \frac{\sigma}{\sqrt{n}}$$

式中：

$\mu_{\bar{x}}$ —— 抽样平均数的平均误差；

σ —— 总体平均数的标准差；

n —— 样本单位数。

2. 不重复抽样条件下，平均数抽样误差计算公式：

$$\mu_{\bar{x}} = \sqrt{\frac{\sigma^2}{n}\left(1 - \frac{n}{N}\right)}$$

式中：

σ^2 —— 总体平均数的方差；

$1 - \dfrac{n}{N}$ —— 修正系数。

[例23-1] 对某市1500名消费者进行购物消费支出调查，随机抽取其中5%的消费者作为样本，调查所得的资料如下：样本单位数为75人，平均每人购物消费支出为434.4元，购物消费的标准差为46.8元，要求计算抽样平均数的平均误差。

已知：$n = 75$，$\bar{x} = 434.4$元，$\sigma = 46.8$元，则抽样平均数平均误差的计算如下：

重复抽样：$\mu_{\bar{x}} = \dfrac{\sigma}{\sqrt{n}} = \dfrac{46.8}{\sqrt{75}} = 5.38$（元）

不重复抽样：$\mu_{\bar{x}} = \sqrt{\dfrac{\sigma^2}{n}(1 - \dfrac{n}{N})} = \sqrt{\dfrac{46.8^2}{75}(1 - 5\%)} = 5.27$（元）

3. 重复抽样条件下，成数抽样误差计算公式：

$$\mu_P = \sqrt{\dfrac{P(1 - P)}{n}}$$

式中：

μ_p——抽样成数的平均误差；

P——总体成数；

n——样本单位数。

4. 不重复抽样条件下，成数抽样误差计算公式：

$$\mu_P = \sqrt{\dfrac{P(1 - P)}{n}(1 - \dfrac{n}{N})}$$

[例23-2] 从某商场购进的某批2000条毛巾中随机抽取10%进行质量检验，其中合格产品为196条，要求计算合格率的抽样平均误差。

根据已知资料计算得知：$n = 2000 \times 10\% = 200$，$n_1 = 196$，则 $P = \dfrac{n_1}{n} = \dfrac{196}{200} = 98\%$。

抽样合格率平均误差的计算如下：

重复抽样：$\mu_P = \sqrt{\dfrac{P(1 - P)}{n}} = \sqrt{\dfrac{98\% \times 2\%}{200}} = 1\%$

不重复抽样：$\mu_P = \sqrt{\dfrac{P(1 - P)}{n}(1 - \dfrac{n}{N})} = \sqrt{\dfrac{98\% \times 2\%}{200}(1 - 10\%)} = 0.94\%$

知识点三：影响抽样平均误差的因素

总体各单位标志值的变异程度；

样本单位数的多少，即样本容量的大小；

抽样方法；

抽样的组织形式。

知识点四：抽样极限误差

抽样平均数的极限误差：

$$\bar{x} - \Delta \bar{x} \leqslant \bar{X} \leqslant \bar{x} + \Delta \bar{x}$$

抽样成数的极限误差：

$$p - \Delta p \leqslant P \leqslant p + \Delta p$$

知识点五：抽样推断概率度

1. 抽样推断概率度计算公式：

$$t = \frac{\Delta \bar{x}}{\mu_{\bar{x}}}$$

$$t = \frac{\Delta p}{\mu_p}$$

2. 抽样极限误差计算公式：

$$\Delta \bar{x} = t \cdot \mu_{\bar{x}}$$

$$\Delta p = t \cdot \mu_p$$

知识点六：抽样推断概率保证程度

概率论和数理统计证明，概率度与概率保证程度 $F(t)$ 之间存在一定的函数关系，即概率保证程度是概率度的函数。

学习笔记

模块三 团队学习空间

任务：每个团队任选以下 4 个任务中的一个编制习题并计算。

1. 请编制重复抽样条件下平均数抽样误差习题并计算。

2. 请编制不重复抽样条件下平均数抽样误差习题并计算。

3. 请编制重复抽样条件下成数抽样误差习题并计算。

4. 请编制不重复抽样条件下成数抽样误差习题并计算。

要求：1. 组建本次活动团队，每个团队至少 6 名成员，选出 1 名队长，由队长分工完成任务。

2. 团队中有分工、有合作，祝大家合作愉快！

团队学习

模块四　拓展空间

王石经过自身努力经营 A 广告公司。为了估计 1 分钟一次广告的平均费用，他应用大学所学的专业知识，从 300 个电视台中随机抽取了 15 个电视台的样本。样本额均值为 2400 元，标准差为 800 元。请问王石该如何计算电视台 1 分钟广告平均费用的抽样平均误差。

拓展空间

评价内容	评价人	评价结果					评　语
		优	良	中	及格	不及格	
自我学习	自评						
上课表现	教师						
团队学习	组长						
实践锻炼	教师						

任务二十四　抽样推断技术（三）

模块一　自我学习空间

抽样估计（参数估计）　点估计　期间估计　必要样本单位数

学习笔记：

模块二　跟我学习空间

知识点一：抽样估计（参数估计）　点估计　期间估计

抽样估计（参数估计）是指利用实际调查的样本指标数值估计相应的总体指标数值的方法。

点估计就是根据样本资料计算样本指标，再以样本指标数值直接作为相应的总体指标的估计值。

期间估计就是根据样本指标和抽样误差来推断总体指标值的最大可能范围，并同时指出估计的概率保证程度的方法。

知识点二：点估计的计算

$$\bar{x} = \hat{\bar{X}}$$

$$p = \hat{P}$$

知识点三：区间估计必须具备三个要素

点估计值　抽样极限误差　概率保证程度

知识点四：区间估计模式

1. 根据已给定的抽样极限误差进行区间估计。

具体步骤：

第一步，抽取样本，计算样本指标，即计算样本平均数 $\bar{x}$ 或样本成数 p，作为总体指标的估计值，并计算样本标准差 σ，推算抽样平均误差 $\mu_{\bar{x}}$ 或 μ_p。

第二步，根据给定的抽样极限误差 Δ，估计总体指标的上限或下限。

第三步，将抽样极限误差 Δ 除以抽样平均误差 μ，求出概率度 t，再根据 t 值查《正态分布概率表》，求出相应的概率保证程度 $F(t)$。

[例 24-1] 对某批型号的电子产品进行耐用性能检测，用重复抽样选取其中 100 件产品进行检验，其结果如下：平均耐用时数 $\bar{x} = 1050$ 小时，标准差 $\sigma = 50$ 小时。要求平均耐用时数的误差范围不超过 10 小时，试估计该批产品的平均耐用时数的区间。

计算分析如下：

（1）计算平均数的平均误差：

$$\mu_{\bar{x}} = \frac{\sigma}{\sqrt{n}} = \frac{50}{\sqrt{100}} = 5（小时）$$

（2）估计总体指标的区间：

根据给定的抽样极限误差 $\Delta_{\bar{x}} = 10$ 小时，计算总体平均数的上下限：

下限 $= \bar{x} - \Delta_{\bar{x}} = 1050 - 10 = 1040$ （小时）

上限 $= \bar{x} + \Delta_{\bar{x}} = 1050 + 10 = 1060$ （小时）

（3）求概率度：

$$t = \frac{\Delta_{\bar{x}}}{\mu_{\bar{x}}} = \frac{10}{5} = 2$$

根据概率度查表得概率保证程度 $F（t）= 95.45\%$。

计算结果表明，该批电子产品的平均耐用时数在 1040 ~ 1060 小时之间，其概率保证程度为 95.45%。

[例 24 - 2] 从某校学生中随机重复抽取 100 名学生，其中戴眼镜者有 48 人。要求误差范围不超过 5%，估计该校学生中戴眼镜者所占比重的区间。

计算分析如下：

（1）计算样本比率和平均误差：

$$p = \frac{n_1}{n} = \frac{48}{100} = 48\%$$

$$\mu_P = \sqrt{\frac{P(1 - P)}{n}} = \sqrt{\frac{48\% \times 52\%}{100}} = 5\%$$

（2）估计总体指标的区间：

下限 $= p - \Delta_p = 48\% - 5\% = 43\%$

上限 $= p + \Delta_p = 48\% + 5\% = 53\%$

（3）求概率度：

$$t = \frac{\Delta_p}{\mu_p} = \frac{5\%}{5\%} = 1$$

根据概率度查表得概率保证程度 $F(t) = 68.27\%$。

计算结果表明，该校学生中戴眼镜者所占的比重在 43%～53% 之间，其概率保证程度为 68.27%。

2. 根据已给定的概率保证程度进行区间估计。

具体步骤：

第一步，抽取样本，计算样本指标，即计算样本平均数 $\bar{x}$ 或样本成数 p，作为总体指标的估计值，并计算样本标准差 σ，推算抽样平均误差 $\mu_{\bar{x}}$ 或 μ_p。

第二步，根据给定的概率保证程度 $F(t)$，查概率表求得概率度 t 值。

第三步，根据概率度 t 值和抽样平均误差 μ 推算出抽样极限误差 Δ，并根据抽样极限误差估计总体指标的上限或下限。

[例 24 – 3] 某镇对 30000 亩水稻随机抽取 5% 的面积进行产量调查，根据样本实割实测结果，计算出样本平均亩产为 600 千克，标准差为 155 千克，试以 95% 的把握程度推算全镇水稻亩产量。

计算分析如下：

（1）计算样本平均数的平均误差：

$$\mu_{\bar{x}} = \frac{\sigma}{\sqrt{n}} = \frac{155}{\sqrt{30000 \times 5\%}} = 4(千克)$$

（2）根据概率保证程度 $F(t) = 95\%$，查表得概率度 $t = 1.96$。

（3）计算抽样极限误差

$$\Delta_{\bar{x}} = t \cdot \mu_{\bar{x}} = 1.96 \times 4 = 7.84 （千克）$$

计算总体指标的区间：

下限 $= \bar{x} - \Delta_{\bar{x}} = 600 - 7.84 = 592.16 （千克）$

上限 $= \bar{x} + \Delta_{\bar{x}} = 600 + 7.84 = 607.84 （千克）$

计算结果表明，该镇的水稻平均亩产量在 592.16～607.84（千克）之间，其概率保证程度为 95%。

[例 24 – 4] 某厂在某时期内生产了 10 万个零件，按不重复抽样的方法从中随机抽取

了2000个零件进行检验，得知其中废品有100个。试以95%的概率保证程度估计全部零件合格率的区间。

计算分析如下：

（1）计算样本合格率和平均误差：

$$p = \frac{n_1}{n} = \frac{2000 - 100}{2000} = \frac{1900}{2000} = 95\%$$

$$\mu_P = \sqrt{\frac{P(1-P)}{n}\left(1 - \frac{n}{N}\right)} = \sqrt{\frac{95\% \times 5\%}{2000} \times \left(1 - \frac{2000}{100000}\right)} = 0.48\%$$

（2）根据概率保证程度 $F(t) = 95\%$，查表得概率度 $t = 1.96$

（3）计算抽样极限误差：

$$\Delta_p = t \cdot \mu_p = 1.96 \times 0.48 = 0.94\%$$

计算总体指标的区间：

下限 $= p - \Delta_p = 95\% - 0.94\% = 94.06\%$

上限 $= p + \Delta_p = 95\% + 0.94\% = 95.94\%$

计算结果表明，该批零件合格率在94.06%~95.94%之间，其概率保证程度为95%。

知识点五：必要样本单位数确定

1. 推断总体平均数所需的样本单位数。

（1）在重复抽样条件下：$n = \dfrac{t^2\sigma^2}{\Delta_{\bar{x}}^{2}}$

（2）在不重复抽样条件下：$n = \dfrac{Nt^2\sigma^2}{N\Delta_{\bar{x}}^{2} + t^2\sigma^2}$

［例24－5］某厂拟采用抽样调查的方法对500户职工家庭收入进行调查，根据经验，职工家庭收入的方差为300元，若允许误差要求不超过5元，抽样推断的把握程度为95.45%，请问应抽取多少样本进行调查？

已知：$\sigma^2 = 300$，$t = 2$，$\Delta_{\bar{x}} = 5$，$N = 500$，则样本单位数的计算如下：

重复抽样时：$n = \dfrac{t^2\sigma^2}{\Delta_{\bar{x}}^{2}} = \dfrac{2^2 \times 300}{5^2} = 48(户)$

不重复抽样时：$n = \dfrac{Nt^2\sigma^2}{N\Delta_{\bar{x}}^{2} + t^2\sigma^2} = \dfrac{500 \times 2^2 \times 300}{500 \times 5^2 + 2^2 \times 300} \approx 44(户)$

2. 推断总体成数所需的样本单位数。

（1）在重复抽样条件下：$n = \dfrac{t^2 p(1-p)}{\Delta_p^2}$

（2）在不重复抽样条件下：$n = \dfrac{Nt^2 p(1-p)}{N\Delta_p^2 + t^2 p(1-p)}$

［例24-6］某公司生产某种电池，月产量为40000只，根据以往的资料测得一等品率为94%。现重新抽样调查一等品率，要求抽样误差范围不超过2%，概率保证程度为95.45%，请问应抽取多少样本进行调查？

已知：$p = 94\%$，$\Delta_p = 2\%$，$t = 2$，$N = 40000$，则样本单位数的计算如下：

重复抽样时：$n = \dfrac{t^2 p(1-p)}{\Delta_p^2} = \dfrac{2^2 \times 94\% \times (1-94\%)}{2\%^2} = 564（只）$

不重复抽样时：

$$n = \dfrac{Nt^2 p(1-p)}{N\Delta_p^2 + t^2 p(1-p)}$$

$$= \dfrac{40000 \times 2^2 \times 94\% \times (1-94\%)}{40000 \times 2\%^2 + 2^2 \times 94\% \times (1-94\%)} \approx 556（只）$$

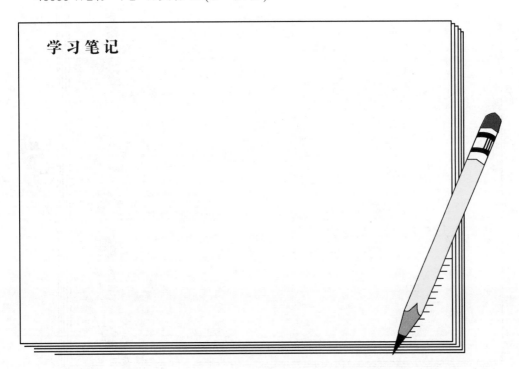

学习笔记

学习笔记

模块三　团队学习空间

任务：每个团队任选以下任务中的一个编制习题并计算。

1. 请编制重复抽样条件下，推断总体平均数所需的样本单位数习题并计算。

2. 请编制不重复抽样条件下，推断总体平均数所需的样本单位数习题并计算。

3. 请编制重复抽样条件下，推断总体成数所需的样本单位数习题并计算。

4. 请编制不重复抽样条件下，推断总体成数所需的样本单位数习题并计算。

要求：1. 组建本次活动团队，每个团队至少 6 名成员，选出 1 名队长，由队长分工完成任务。

2. 团队中有分工、有合作，祝大家合作愉快！

团
队
学
习

模块四　拓展空间

　　某工商部门对赵某自主创业的某大型超市销售的某种小包装休闲食品进行重量合格抽查，规定每包重量不低于 70 克，从 2000 包中不重复抽取 1% 进行检验，结果如下表：

某超市小包装休闲食品重量抽样资料

按重量分组（克/包）	包数（包）
66 ~ 68	2
68 ~ 70	6
70 ~ 72	6
72 ~ 74	4
74 ~ 76	2

　　如果概率保证程度为 95.45%，赵某如何估计该批食品平均每包重量的区间范围？

拓展空间

模块五　学习评价空间

评价内容	评价人	评价结果					评　语
		优	良	中	及格	不及格	
自我学习	自评						
上课表现	教师						
团队学习	组长						
实践锻炼	教师						

任务二十五　相关与回归分析技术（一）

模块一　自我学习空间

函数关系　相关关系　单相关　复相关　正相关　负相关　线性相关　非线性相关
完全相关　不完全相关　不相关　相关图

学习笔记：

模块二　跟我学习空间

知识点一：函数关系

指现象间存在着严格的数据依存关系

如圆的面积与半径之间的关系。

知识点二：相关关系

是指有些现象间存在相关关系，但依存关系则没有那么严格，即两个现象之间存在一种不确定的数量关系。

如身高与体重的关系。

1. 按自变量的多少分，可分为单相关和复相关；

2. 按相关关系的方向分，可分为正相关和负相关；

3. 按相关关系的表现形态分，可分为线性相关与非线性相关；

4. 按相关程度分，可分为完全相关、不完全相关和不相关。

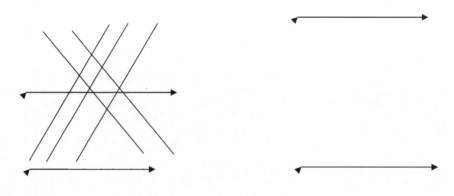

图 25 – 1　各种相关关系示意图

知识点三：相关图

是用来反映两个变量之间相关关系的图，又称散布图。

学习笔记

模块三　团队学习空间

任务：每个团队任选以下任务之一完成。

1. 请收集本班同学身高和体重资料，据资料绘制相关图，并指出相关关系类型。

2. 请收集本班各位同学生活费支出和所使用手机价格资料，据资料绘制相关图，并指出相关关系类型。

要求：1. 组建本次活动团队，每个团队至少 6 名成员，选出 1 名队长，由队长分工完成任务。

2. 团队中有分工、有合作，祝大家合作愉快！

团队学习

模块四　拓展空间

　　全年全国居民人均可支配收入与全年社会消费品零售总额之间存在函数关系还是相关关系？请尝试到国家统计局网站收集资料，并绘制相关图，分析二者之间的关系。

拓展空间

模块五　学习评价空间

评价内容	评价人	评价结果					评　语
		优	良	中	及格	不及格	
自我学习	自评						
上课表现	教师						
团队学习	组长						
实践锻炼	教师						

任务二十六　相关与回归分析技术（二）

模块一　自我学习空间

相关表　相关系数

学习笔记：

模块二　跟我学习空间

知识点一：相关表

在对现象总体中两种相关变量做相关分析，以研究其相互依存关系时，如果将实际调查取得的一系列成对变量值的资料顺序地排列在一张表格上，这张表格就是相关表。

1. 简单相关表。

简单相关表是资料未经分组的相关表，它是把自变量按从小到大的顺序并配合因变量——对应平行排列起来的统计表。

[例 26－1] 为研究分析产量（件）与单位产品成本（元）之间的关系，从 30 个同类型企业调查得到原始资料，并将产量按从小到大的顺序排列，可编制简单相关表，结果见表 26－1 所示。

表 26－1　产量和单位产品成本原始资料

产量（件）	30	30	30	30	30	30	30	30	40	40	40	40	40	40	50
单位产品成本（元）	15	16	16	16	16	18	18	18	18	15	15	16	16	16	16
产量（件）	50	50	50	50	50	60	60	60	60	60	70	70	70	70	70
单位产品成本（元）	15	15	15	16	14	14	15	15	15	16	14	14	14	14	15

2. 分组相关表。

（1）单变量分组表。

[例 26－2] 根据表 26－1 编制单变量分组表，见表 26－2。

表 26－2　产量和单位产品成本单变量分组相关表

产量 x（件）	企业数 n（个）	单位产品成本 y（元）
30	8	16.6
40	6	16.0
50	6	15.2
60	5	15.0
70	5	14.2

（2）双变量分组表。

[例 26－3] 根据表 26－1 编制双变量分组表，见表 26－3。

表 26 – 3　产量和单位产品成本双变量分组相关表

单位产品成本（元）	产量 x（件）					合计
y	30	40	50	60	70	
18	3	1	—	—	—	4
16	4	3	2	1	—	10
15	1	2	3	3	1	10
14	—	—	1	1	4	6
合计	8	6	6	5	5	30

知识点二：相关系数

1. $r = \dfrac{\sigma_{xy}^2}{\sigma_x \sigma_y} = \dfrac{\dfrac{1}{n}\sum (x - \bar{x})(y - \bar{y})}{\sqrt{\dfrac{1}{n}\sum (x - \bar{x})^2}\sqrt{\dfrac{1}{n}\sum (y - \bar{y})^2}}$

$$= \dfrac{n\sum xy - \sum x \sum y}{\sqrt{n\sum x^2 - \left(\sum x\right)^2}\sqrt{n\sum y^2 - \left(\sum y\right)^2}}$$

式中：

n —— 资料项数；

$\bar{x}$ —— x 变量的算术平均数；

$\bar{y}$ —— y 变量的算术平均数；

σ_x —— x 变量的标准差；

σ_y —— y 变量的标准差；

σ_{xy} —— xy 变量的协方差。

2. 相关系数的总结。

（1）相关系数的数值范围，是在 -1 和 $+1$ 之间，即：$-1 \leqslant r \leqslant 1$。

（2）计算结果，当 $r > 0$ 时，表示 x 与 y 为正相关；当 $r < 0$ 时，x 与 y 为负相关。

（3）相关系数 r 的绝对值越接近于 0，表示相关关系越弱；越接近于 1，表示相关关系越强；如果 $|r| = 1$，则表示两个现象完全直线相关。如果 $|r| = 0$，则表示两个现象完全不相关（不是直线相关）。

（4）相关系数的绝对值在 0.3 以下是无直线相关，0.3 以上是有直线相关，0.3 ~ 0.5 是低度直线相关，0.5 ~ 0.8 是显著相关，0.8 以上是高度相关。

[例 26 - 4] 某市居民人均月收入与月消费支出之间为直线相关，根据表 26 - 4 中的资料计算居民人均月收入与消费支出的相关系数（见表 26 - 5）。

表 26 - 4　居民人均月收入与消费支出相关表　　　　　　　　单位：元

月收入	2000	2500	3000	4000	5000	6000	7000	7500	9200	10000
消费支出	1800	2000	2800	3600	4000	4200	5000	5300	6500	7000

表 26 - 5　居民个人月收入与消费支出相关表

编号	月收入 x（千元）	月支出 y（千元）	x^2	y^2	xy
1	20	18	400	324	360
2	25	20	625	400	500
3	30	28	900	784	840
4	40	36	1600	1296	1440
5	50	40	2500	1600	2000
6	60	42	3600	1764	2520
7	70	50	4900	2500	3500
8	75	53	5625	2809	3975
9	92	65	8464	4225	5980
10	100	70	10000	4900	7000
合计	562	422	38614	20602	28115

$$r = \frac{10 \times 28115 - 562 \times 422}{\sqrt{10 \times 38614 - 562^2} \times \sqrt{10 \times 20602 - 422^2}} = 0.9926$$

计算结果表明，消费支出与居民人均月收入呈高度正相关，也就是个人收入越高，消费支出也越高。

知识点三：相关系数的显著性检验

总体相关系数是未知的，通常是根据样本相关系数 r 作出的近似估计值。样本相关系数 r 是根据样本数据计算出来的，受抽样波动的影响，因此 r 是一个随机变量。能否根据样本相关系数说明总体的相关程度，这就需要考察样本相关系数的可靠性，也就是进行显著性检验。

1. 对相关系数 r 采用 t 分布检验。

如果对 r 服从正态分布的假设成立，可以应用正态分布来检验，但对 r 服从正态分布的假设具有很大的风险，因此通常情况下不采用正态检验，而是采用 Fisher 提出的 t 分布检验，该检验可以用于小样本，也可以用于大样本。

2. t 分布检验步骤。

（1）提出假设。

假设样本是从一个不相关的总体中抽选出来的，即

$H_0 : \rho = 0 \qquad H_1 : \rho \neq 0$

（2）计算检验统计量。

$$t = |r| \sqrt{\frac{n-2}{1-r^2}} \sim t(n-2)$$

（3）进行决策。

根据给定的显著性水平 α 和自由度 $df = n - 2$ 查 t 分布表，查出 $t_{\frac{\alpha}{2}}(n-2)$ 的临界值。若 $|t| > t_{\frac{\alpha}{2}}(n-2)$，则拒绝原假设 H_0，表明总体的两个变量之间存在显著的线性关系。

［例26-5］根据［例26-4］计算的相关系数，检验消费支出与居民人均月收入之间的相关系数是否显著（$\alpha = 0.05$）。

（1）提出假设 $H_0 : \rho = 0 \qquad H_1 : \rho \neq 0$

（2）计算检验统计量：

$$t = |r| \sqrt{\frac{n-2}{1-r^2}} = |0.9926| \sqrt{\frac{10-2}{1-0.9926^2}} = 23.1203$$

（3）进行决策：

根据给定的显著性水平 $\alpha = 0.05$ 和自由度 $df = n - 2 = 10 - 2$ 查 t 分布表，查出临界值 $t_{\frac{\alpha}{2}}(n-2) = 2.306$。由于 $t = 23.1203 > t_{\frac{\alpha}{2}}(n-2) = 2.306$，则拒绝原假设 H_0，表明消费支出与居民人均月收入之间存在显著的线性关系。

学习笔记

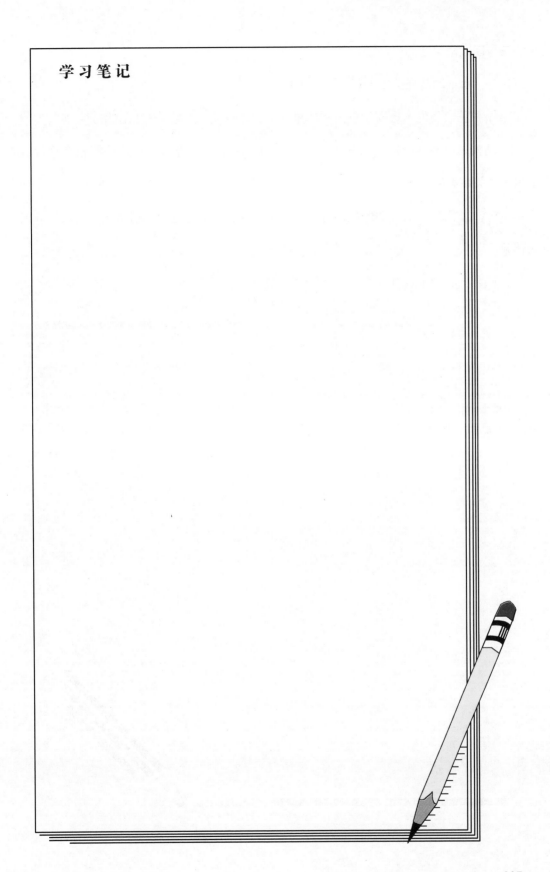

模块三　团队学习空间

任务：每个团队任选以下任务之一完成。

1. 请根据收集的本班同学身高和体重资料，计算相关系数，并指出相关关系类型。

2. 请根据收集本班各位同学生活费支出和所使用手机价格资料，计算相关系数，并指出相关关系类型。

要求：1. 组建本次活动团队，每个团队至少 6 名成员，选出 1 名队长，由队长分工完成任务。

2. 团队中有分工、有合作，祝大家合作愉快！

团队学习

模块四　拓展空间

　　请尝试到国家统计局网站收集全年全国居民人均可支配收入与全年社会消费品零售总额资料，并根据资料计算相关系数，分析二者之间的关系。

拓展空间

评价内容	评价人	评价结果					评　语
		优	良	中	及格	不及格	
自我学习	自评						
上课表现	教师						
团队学习	组长						
实践锻炼	教师						

任务二十七　相关与回归分析技术（三）

模块一　自我学习空间

回归　回归分析　一元线性回归方程　回归系数

学习笔记：

模块二　跟我学习空间

知识点一：回归分析是通过一个变量或一些变量的变化解释另一变量的变化

知识点二：一元线性回归方程 $\hat{y} = a + bx$

1. $b = \dfrac{\sum (x - \bar{x})(y - \bar{y})}{\sum (x - \bar{x})^2} = \dfrac{n\sum xy - \sum x \sum y}{n\sum x^2 - (\sum x)^2}$

2. $a = \bar{y} - b\bar{x} = \dfrac{\sum y}{n} - b\dfrac{\sum x}{n}$

[例 27 – 1] 根据 [例 26 – 4] 中表 26 – 5 的数据，拟合某市居民人均月收入水平 (x) 与消费支出 (y) 的回归直线方程，并根据拟合的直线方程，预测某人月收入为 12000 元时的消费支出。

根据表 26 – 5 中的计算结果，得

$$b = \frac{10 \times 28115 - 562 \times 422}{10 \times 38614 - 562^2} = 0.625726$$

$$a = \frac{422}{10} - 0.625726 \times \frac{562}{10} = 7.0342$$

将 a 和 b 代入回归方程式得

$$\hat{y} = 7.0342 + 0.6257x$$

式中 $\hat{y}$ 代表消费支出，x 代表人均月收入。回归系数 $b = 0.6257$，表示人均月收入每提高 1 个单位（百元），消费支出平均增加 0.6257 个单位（百元）。$a = 7.0342$ 代表即使月收入为 0 的情况下，消费支出也需要 703.42 元。利用直线方程可以进行预测，如某人月收入为 12000 元，在其他条件相对稳定时，可以预测其消费支出为：

$$\hat{y} = 7.0342 + 0.6257 \times 120 = 82.1182(百元) = 8211.82(元)$$

学习笔记

模块三 团队学习空间

任务：每个团队任选以下任务之一完成。

1. 在完成任务二十六团队学习任务 1 相关关系分析的基础上，尝试建立一元线性回归方程。

2. 在完成任务二十六团队学习任务 2 相关关系分析的基础上，尝试建立一元线性回归方程。

要求：1. 组建本次活动团队，每个团队至少 6 名成员，选出 1 名队长，由队长分工完成任务。

2. 团队中有分工、有合作，祝大家合作愉快！

团队学习

模块四　拓展空间

团队学习空间完成任务之后，尝试利用 Excel 数据分析中的回归分析工具进行回归分析。

拓展空间

模块五　学习评价空间

评价内容	评价人	评价结果					评　语
		优	良	中	及格	不及格	
自我学习	自评						
上课表现	教师						
团队学习	组长						
实践锻炼	教师						

任务二十八　相关与回归分析技术（四）

模块一　自我学习空间

回归直线的拟合优度　估计的标准误差　显著性检验

学习笔记：

模块二　跟我学习空间

知识点一：回归直线的拟合优度

1. 回归平方和 ESS（Expained Sum of Squares）$= \sum (\hat{y} - \bar{y})^2$。

2. 残差平方和 RSS $= \sum (y - \hat{y})^2$。

3. 总平方和 TSS = ESS + RSS。

4. 判断系数 $R^2 = \dfrac{\text{ESS}}{\text{TSS}}$。

判定系数 R^2 越接近于 1，表明回归平方和占总平方和的比例越大，回归直线与各观测点越接近，用 x 的变化来解释 y 值变差的部分就越多，回归直线的拟合程度越好；反之，判定系数 R^2 越接近于 0，回归直线的拟合程度就越差。

［例 28－1］某市居民人均月收入与月消费支出的资料见表 26－4，根据［例 26－4］计算相关系数 $r = 0.9926$，用最小二乘法获得回归直线方程 $\hat{y} = 7.0342 + 0.6257x$。试计算判断系数并判断该回归直线方程的拟合程度状况。

表 28－1　居民个人月收入与消费支出判定系数计算表

编　号	月收入 x（千元）	月支出 y（千元）	$\hat{y}$	$(\hat{y} - \bar{y})^2$	$y - \hat{y}$	$(y - \hat{y})^2$
1	20	18	19.856	499.2543	－1.8560	3.4447
2	25	20	22.9845	369.2354	－2.9845	8.9072
3	30	28	26.113	258.7916	1.8870	3.5608
4	40	36	32.37	96.6289	3.6300	13.1769
5	50	40	38.627	12.7663	1.3730	1.8851
6	60	42	44.884	7.2039	－2.8840	8.3175
7	70	50	51.141	79.9415	－1.1410	1.3019
8	75	53	54.2695	145.6728	－1.2695	1.6116
9	92	65	64.9064	515.5806	0.0936	0.0088
10	100	70	69.912	767.9549	0.0880	0.0077
合计	562	422	—	2753.0303	—	42.2222

根据表 28－1，回归平方和 ESS $= \sum (\hat{y} - \bar{y})^2 = 2753.0303$

残差平方和 RSS $= \sum (y - \hat{y})^2 = 42.2222$

总平方和 TSS $= ESS + RSS = 2753.0303 + 42.2222 = 2795.2525$

判断系数 $R^2 = \dfrac{ESS}{TSS} = \dfrac{2753.0303}{2795.2525} = 0.9849$

计算结果（判断系数 R^2）表明：在平均月支出取值变差中有98.49%可以由月支出与月收入之间的线性关系来解释，或者说，在平均月支出取值的变动中，有98.49%是由月收入决定的。可见月支出与月收入之间有较强的线性关系，回归直线（$\hat{y} = 7.0342 + 0.6257x$）拟合程度好。

知识点二：估计的标准误差

是指因变量实际值与理论值离差的平均数。

$$S_{yx} = \sqrt{\frac{\sum (y - \hat{y})^2}{n - 2}}$$

式中：

S_{yx}——估计标准差，其下标 yx 代表 y 依 x 而回归的方程；

$\hat{y}$——根据回归方程推算出来的因变量的估计值；

y——因变量的实际值；

n——数据的项数。

估计标准误差的简化计算公式为：

$$S_{yx} = \sqrt{\frac{\sum y^2 - a \sum y - b \sum xy}{n - 2}}$$

［例28 - 2］ 根据［例26 - 4］中表26 - 5的资料，计算估计标准误差。

$$S_{yx} = \sqrt{\frac{\sum y^2 - a \sum y - b \sum xy}{n - 2}} = \sqrt{\frac{20602 - 7.0342 \times 422 - 0.6357 \times 28115}{10 - 2}}$$

$$= 2.27（百元）$$

知识点三：回归分析中的显著性检验

1. 线性关系检验的步骤：

（1）提出假设 $H_0: b = 0$　　线性关系不明显。

（2）计算检验统计量 F：

$$F = \frac{\dfrac{\sum (\hat{y} - \bar{y})^2}{k}}{\dfrac{\sum (y - \hat{y})^2}{n - k - 1}} \sim F(k, n - k - 1)$$

式中：

$\hat{y}$——根据回归方程推算出来的因变量的估计值；

y——因变量的实际值；

n——数据的项数（样本观测个数）；

k——解释变量的个数。

（3）进行决策。确定显著性水平 α，并根据分子自由度 $df_1 = k$ 和分母自由度 $df_2 = n - k - 1$ 查 F 分布表，找到相应的临界值 F_α。若 $F > F_\alpha$，拒绝 H_0，表明两个变量之间的线性关系是显著的；若 $F < F_\alpha$，不拒绝 H_0，没有证据表明两个变量之间的线性关系是显著的。

［例 28 – 3］根据［例 28 – 1］的有关结果，检验月支出与月收入之间线性关系的显著性（ $\alpha = 0.05$ ）。

第 1 步：提出假设：$H_0: b = 0$　　两变量之间的线性关系不显著。

第 2 步：计算检验统计量 $F = \dfrac{\dfrac{\sum (\hat{y} - \bar{y})^2}{k}}{\dfrac{\sum (y - \hat{y})^2}{n - k - 1}} = \dfrac{\dfrac{2753.0303}{1}}{\dfrac{42.2222}{10 - 1 - 1}} \approx 521.63$

第 3 步：做出决策。根据显著性水平 $\alpha = 0.05$，并根据分子自由度 $df_1 = 1$ 和分母自由度 $df_2 = 8$ 查 F 分布表，找到相应的临界值 $F_\alpha = 5.318$，即 $F > F_\alpha$，拒绝 H_0，表明月支出和月收入两个变量之间的线性关系是显著的。

2. 回归系数的显著性检验步骤（ t 检验）：

（1）提出假设 $H_0: b = 0$　　　　$H_1: b \neq 0$。

（2）计算检验统计量 t：

$$t = \frac{\hat{b}}{\hat{s}_b} \sim t(n-2)$$

式中：

$\hat{s}_b$ ——回归系数 b 的估计的标准差；

$\hat{b}$ ——估计的回归系数；

由于 σ 未知，计算检验统计量时通常用下面的公式计算 $\hat{s}_b$

$$\hat{s}_b = \frac{s_{yx}}{\sqrt{\sum (x_i - \bar{x})^2}}$$

式中：

S_{yx} ——估计标准差，其下标 yx 代表 y 依 x 而回归的方程；

x ——自变量的实际值；

$\bar{x}$ ——自变量的平均值。

（3）进行决策。确定显著性水平 α，并根据自由度 $n-2$ 确定临界值 $t_{\frac{\alpha}{2}}(n-2)$。若 $|t| > t_{\frac{\alpha}{2}}(n-2)$，则拒绝原假设 H_0，回归系数等于 0 的可能性小于 α，表明自变量对因变量的影响是显著的，换言之，两变量之间存在着显著的线性关系；若 $|t| < t_{\frac{\alpha}{2}}(n-2)$，则不能拒绝 H_0，没有证据表明 x 对 y 的影响是显著的，不能认为二者之间存在显著的线性关系。

［例 28-4］ 根据［例 27-1］的有关结果，检验月支出与月收入之间线性关系的显著性（ $\alpha = 0.05$ ）。

第 1 步：提出假设。$H_0 : b = 0$ $H_1 : b \neq 0$

第 2 步：计算检验统计量 $t = \dfrac{\hat{b}}{\dfrac{s_{yx}}{\sqrt{\sum (x_i - \bar{x})^2}}} = \dfrac{0.6257}{\dfrac{2.27}{\sqrt{2079.6}}} = \dfrac{0.6257}{\dfrac{2.27}{83.84271}} = 23.11$

第 3 步：做出决策。根据给定的显著性水平 $\alpha = 0.05$ 和自由度 $df = n-2 = 10-2$，查 t 分布表，查出临界值 $t_{\frac{\alpha}{2}}(n-2) = 2.306$。由于 $t = 23.11 > t_{\frac{\alpha}{2}}(n-2) = 2.306$，则拒绝

原假设 H_0，回归系数等于 0 的可能性小于 0.05，表明月收入对月支出的影响是显著的，换言之，两变量之间存在着显著的线性关系。

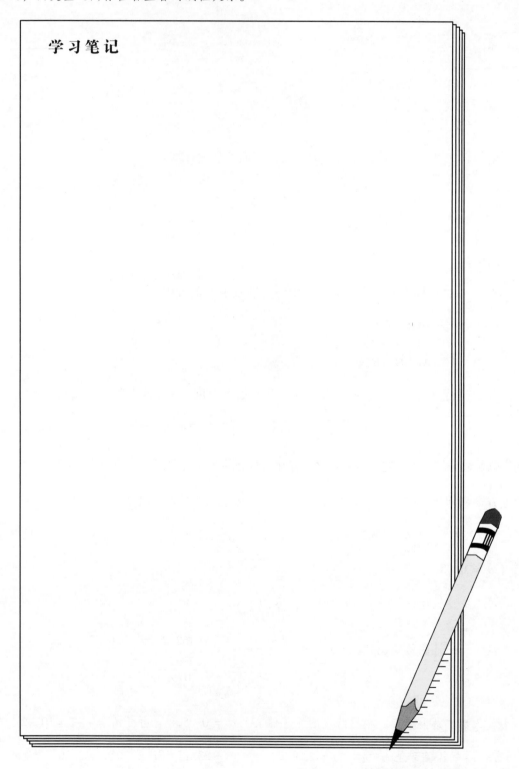

模块三　团队学习空间

任务：每个团队任选以下任务之一完成。

1. 在完成任务二十七团队学习任务 1 的基础上，估计标准误差，尝试进行回归分析的显著性检验。

2. 在完成任务二十七团队学习任务 2 的基础上，估计标准误差，尝试进行回归分析的显著性检验。

要求：1. 组建本次活动团队，每个团队至少 6 名成员，选出 1 名队长，由队长分工完成任务。

2. 团队中有分工、有合作，祝大家合作愉快！

团队学习

模块四　拓展空间

团队学习空间完成任务之后，利用 Excel 数据分析中的回归分析工具进行回归分析，根据 Excel 提供的结果进行解释。

拓展空间

模块五　学习评价空间

评价内容	评价人	评价结果					评　语
		优	良	中	及格	不及格	
自我学习	自评						
上课表现	教师						
团队学习	组长						
实践锻炼	教师						

项目四　统计数据处理结果

任务一　统计分析报告（一）

模块一　自我学习空间

　　××年，某单位办公楼总建筑面积 750 平方米，用工人数 80 人，其中编制人数 20 人；公车总数 1 辆，为汽油车。能源资源消耗主要是办公及日常用电、用水、公车耗油等。当年用电 37265 千瓦·时，用水消耗 1195 立方米，汽油消耗 4878 升。单位建筑面积用电量为每平方米 49.69 千瓦·时，人均用电量为每年 465.8 千瓦·时，人均用水量为 14.9 升/年，人均单车消耗汽油量为 61 升/年。各项指标较上一年都有所下降，但整个节能工作还有改进空间。

　　通过上述数据，试分析可以采取哪些措施来提高公共机构节能的成效。

　　　学习笔记：

模块二　跟我学习空间

知识点一：统计分析的概念

知识点二：统计分析的作用

1. 全面、准确地反映客观情况；

2. 深入地把握社会经济现象的规律；

3. 参与社会经济管理。

知识点三：统计分析的特点

知识点四：统计分析的形式

知识点五：统计分析的一般步骤

1. 选择并确定研究课题；

2. 拟定分析提纲；

3. 搜集鉴别与整理资料；

4. 运用各种方法进行系统周密的分析；

5. 得出结论、提出建议；

6. 根据分析结果形成分析报告。

学习笔记

模块三　团队学习空间

要求：以小组为单位对本地城市轨道交通运营状况进行调查（包括运营里程、站点、线路、票价、运营量、发车间隔等）。

任务：通过调查数据，对本地城市轨道交通运营的经济性和可行性进行分析。

团
队
学
习

模块四　拓展空间

　　请以学校一个创业项目为例，对其项目内容、经营状况等进行数据调查统计，并分析该项目的可行性和风险性。

拓展空间

评价内容	评价人	评价结果					评　语
		优	良	中	及格	不及格	
自我学习	自评						
上课表现	教师						
团队学习	组长						
实践锻炼	教师						

任务二　统计分析报告（二）

模块一　自我学习空间

2008 年在北京举办的第 29 届奥运会取得了巨大成功，在会上，中国体育代表团取得了金牌第一，奖牌总数 100 枚的历史好成绩。本届奥运会共设有奖牌 958 枚，其中金牌 302 枚，银牌 303 枚，铜牌 353 枚。下表是取得金牌总数前三名的国家的奖牌分布情况。

排名	国家及地区	男子				女子				混合组				总计			
		金	银	铜	总	金	银	铜	总	金	银	铜	总	金	银	铜	总
1	中国	24	10	8	42	27	11	19	57			1	1	51	21	28	100
2	美国	20	13	20	53	15	23	15	53	1	2	1	4	36	38	36	110
3	俄罗斯	12	8	20	40	11	13	8	32					23	21	28	72

请对上述数据进行描述和分析。

学习笔记：

....

....

....

....

....

....

....

....

....

模块二　跟我学习空间

知识点一：统计分析方法

1. 对比分析法；

2. 结构分析法；

3. 平均和变异分析法；

4. 动态分析法；

5. 平衡分析法；

6. 相关分析法；

7. 综合评价分析法；

8. 因素分析法；

9. 景气指数分析法。

知识点二：统计分析方法的综合运用

学习笔记

学习笔记

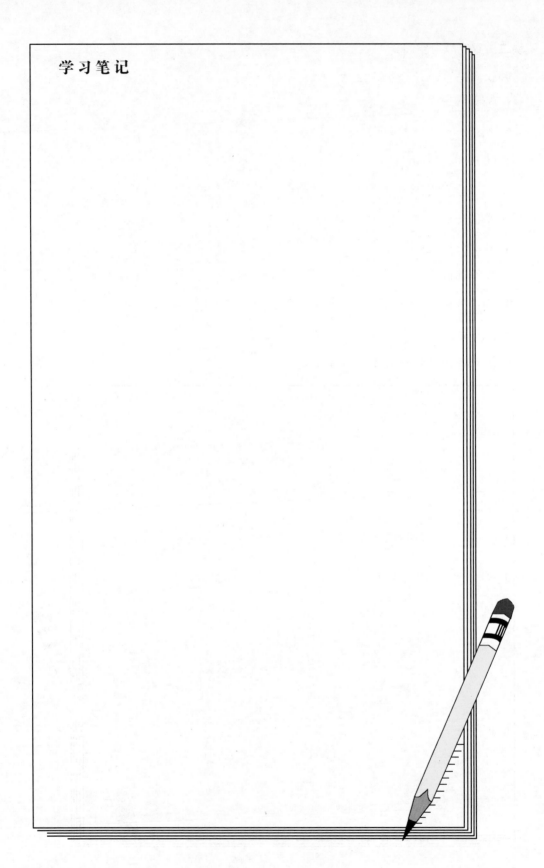

模块三　团队学习空间

任务：对本校大学生就业观念及焦虑情况进行调查，包括以下内容：

1. 性别；

2. 政治面貌；

3. 年级；

4. 生源地；

5. 就业选择：创业、就业、升学等等；

6. 就业焦虑情况："上学费用高""创业没平台""社会竞争大"等等。

要求：运用结构分析法分析选择创业学生的趋势。

团队学习

模块四　拓展空间

请针对本班同学的手机使用情况进行调查，搜集有关资料并进行分析。

拓展空间

模块五 学习评价空间

评价内容	评价人	评价结果					评 语
		优	良	中	及格	不及格	
自我学习	自评						
上课表现	教师						
团队学习	组长						
实践锻炼	教师						

任务三 统计分析报告（三）

模块一 自我学习空间

了解常用公文写作的几种文体。

学习笔记：

模块二　跟我学习空间

知识点一：统计分析报告的概念

知识点二：统计分析报告的特点

知识点三：统计分析报告的作用

知识点四：统计分析报告的类型

知识点五：统计分析报告的结构

1. 标题；

2. 导语；

3. 文体；

4. 结尾。

学 习 笔 记

学习笔记

模块三　团队学习空间

任务：对本专业大学生消费支付方式、购物方式进行调查。

要求：通过数据对大学生消费行为进行分析，并列举出移动支付的优缺点。

模块四 拓展空间

请结合本校快递市场的运行状况进行调查，搜集相关资料，撰写统计分析报告。

拓展空间

模块五　学习评价空间

评价内容	评价人	评价结果					评　语
		优	良	中	及格	不及格	
自我学习	自评						
上课表现	教师						
团队学习	组长						
实践锻炼	教师						

参考文献

［1］唐芳．统计学原理［M］．上海：上海财经大学出版社，2007．

［2］徐静霞．统计学原理与实务［M］．北京：北京大学出版社，中国农业大学出版社，2012．

［3］韩宇，韩春玲．统计学原理［M］．北京：北京大学出版社，2012．

［4］范慧敏，王斌．统计学原理［M］．北京：清华大学出版社，2013．

［5］李洁明，祁新娥．统计学原理［M］．上海：复旦大学出版社，2014．

［6］滕达，陈岩．统计学原理学习指导［M］．北京：中国轻工业出版社，2011．

［7］石丽，鲁杰，冯晓莉．统计学基础［M］．北京：中国传媒大学出版社，2016．

［8］贾俊平．统计学基础［M］．北京：中国人民大学出版社，2010．

［9］贾俊平，何晓群，金勇进．统计学［M］．北京：中国人民大学出版社，2009．

［10］徐哲，石晓军．应用统计学：经济与管理中的数据分析［M］．北京：清华大学出版社，2011．